国家自然科学基金项目(51504125,51474045)资助
中国博士后基金项目(2017M611253)资助
辽宁省自然科学基金项目(2019-MS-158)资助
辽宁省教育厅基金项目(LJ2017QL022)资助

粉煤灰地聚物膏体充填材料与沉陷控制

孙 琦 麻凤海 著

中国矿业大学出版社

·徐州·

内 容 提 要

本书提出了一种新型充填材料——粉煤灰地质聚合物膏体充填材料,探索了粉煤灰地质聚合物膏体充填材料的配合比、微观结构、强度特性、蠕变特性和蠕变扰动效应,构建了粉煤灰地质聚合物膏体充填材料的蠕变扰动本构模型并基于 FLAC³ᴰ平台进行了二次开发;采用开发的本构模型开展了桥梁下粉煤灰地质聚合物膏体充填开采的研究,分析了充填开采的减沉效果。

本书可供采矿工程、土木工程、材料科学与工程等专业的科研人员和相关专业的高校师生参考使用。

图书在版编目(C I P)数据

粉煤灰地聚物膏体充填材料与沉陷控制 / 孙琦,麻风海著. 一徐州 : 中国矿业大学出版社,2020.6

ISBN 978 - 7 - 5646 - 4659 - 2

Ⅰ. ①粉… Ⅱ. ①孙… ②麻… Ⅲ. ①粉煤灰－聚合物－充填材料－沉陷－控制－研究 Ⅳ. ①TD353

中国版本图书馆 CIP 数据核字(2020)第 059225 号

书　　名	粉煤灰地聚物膏体充填材料与沉陷控制
著　　者	孙　琦　麻风海
责任编辑	满建康
出版发行	中国矿业大学出版社有限责任公司
	(江苏省徐州市解放南路　邮编 221008)
营销热线	(0516)83884103　83885105
出版服务	(0516)83995789　83884920
网　　址	http://www.cumtp.com　**E-mail**:cumtpvip@cumtp.com
印　　刷	虎彩印艺股份有限公司
开　　本	787 mm×1092 mm　1/16　**印张** 8.5　**字数** 162 千字
版次印次	2020 年 6 月第 1 版　2020 年 6 月第 1 次印刷
定　　价	45.00 元

(图书出现印装质量问题,本社负责调换)

前　言

　　充填作为控制开采沉陷的有效手段,逐渐从水砂充填、干式充填、低浓度胶结充填向膏体充填发展。膏体充填具有充填体强度高、刚度大及在井下不需要脱水的特点,得到了越来越广泛的应用。传统的膏体充填开采使用大量水泥作为胶凝材料,而水泥在生产过程中有较大的碳排放量,从而会造成环境污染。若采用粉煤灰地质聚合物(简称"地聚物")制备膏体充填材料则能降低碳排放和减少环境污染。因此,研究采用粉煤灰地聚物作为胶凝材料来制备膏体充填材料具有重要的现实意义和巨大的应用价值。

　　本书采用粉煤灰地聚物为胶凝材料,煤矸石为骨料,通过正交设计手段进行配合比设计,并用 SEM(扫描电子显微镜)和 EDS(能谱分析)对最优配合比试件进行了微观扫描,分析了粉煤灰地聚物膏体充填材料强度的形成机理;自主研发出一种新型蠕变扰动试验机,分析了该试验机的制作原理、误差及精度;利用该试验机采用分级加载方式开展了粉煤灰地聚物充填体的单轴蠕变试验和蠕变扰动试验,获得了粉煤灰地聚物充填体的蠕变规律和蠕变扰动规律;建立了粉煤灰地聚物充填体蠕变模型、蠕变扰动本构模型,并基于 FLAC^{3D} 平台进行了二次开发;采用数值模拟研究了桥梁在下伏不同工况的采空区进行膏体充填开采后的沉陷规律。研究结果表明:

　　(1)粉煤灰地聚物膏体充填材料的早期强度主要由 C—A—S—H 凝胶和 C—S—H 凝胶胶结的粉煤灰和煤矸石提供,后期强度主要由 C—A—H 凝胶、钙矾石和骨料形成的致密结构提供。矿渣和普通硅酸盐水泥的掺入对 C—A—S—H 凝胶、C—S—H 凝胶、C—A—H 凝胶和钙矾石的形成起到了重要的促进作用。

（2）根据单轴蠕变试验数据，建立了改进的分数阶Burgers（博格斯）充填体元件蠕变模型；在蠕变试验数据的基础上，通过数学方法建立了充填体在单轴蠕变作用下的数学模型。通过拟合确定了模型的参数，采用元件模型和数学模型计算的结果与试验结果较为吻合。

（3）动力扰动作用对充填体的蠕变过程影响显著。连续的扰动冲击打破了充填体的蠕变稳定状态，加快了充填体的蠕变进程，使充填体的长期强度减小。

（4）粉煤灰地聚物充填体的蠕变扰动效应与充填体所受应力水平及动力扰动作用的冲击能量密切相关。扰动冲击能量越大，充填体产生的变形量越大，达到破坏应变的时间越短。在低扰动能量作用下，充填体产生的扰动变形量与应力水平呈负相关，呈现出冲击硬化的规律；在高扰动能量作用下，充填体产生的扰动变形量与应力水平呈正相关，呈现出冲击软化的特征。

（5）以改进的分数阶Burgers模型（博格斯模型）为基本蠕变模型，通过引入扰动元件及应变触发的非线性黏壶建立了充填体的蠕变扰动本构模型，拟合得到相关参数并证明了模型的适用性。采用FLAC^{3D}对建立的蠕变扰动本构模型进行了二次开发，通过与试验数据对比验证了所开发模型的正确性。

（6）利用FLAC^{3D}进行了采空区充填与桥梁施工的数值模拟，讨论了采空区在不同工况下模型的位移场变化情况、应力场变化情况、桥梁结构变形特征、桥梁结构受力特征，模拟结果表明利用粉煤灰地聚物充填体对3种不同工况的采空区进行处理后均能满足桥梁工程修建要求。对采空区充填体进行蠕变与动力作用模拟，模拟结果表明充填体在动静荷载的作用下能保持长期稳定状态，采空区的充填效果良好。

本书得到了国家自然科学基金项目（51504125，51474045）、中国博士后基金项目(2017M611253)、辽宁省自然科学基金项目(2019-MS-158)和辽宁省教育厅基金项目(LJ2017QL022)的资助,在此表示感谢。

感谢 ELSEVIER 公司对本书部分研究内容的版权使用授权。

硕士研究生蔡畅、李兵、田硕、姚念希、夏亚杰、魏学达、李天隆、孙跃辉、王慧、王毅婷、杨世达、马瑞峰等在试验、数值模拟时参与了大量工作,在此一并表示感谢。

特别感谢辽宁工程技术大学梁冰教授、张向东教授、王来贵教授、张彬教授、唐巨鹏教授、张永利教授、郭嗣琮教授、苏荣华教授、刘文生教授、易富教授、李永靖教授、周梅教授级高级工程师、孙庆巍副教授、李喜林副教授、张淑坤副教授、金佳旭副教授、崔正龙副教授、马玉林博士、赵世杰博士、姜明阳博士,他们为本书的撰写提出了很多宝贵意见。

由于作者水平和时间所限,书中难免存在疏漏之处,恳请各位专家和读者批评指正。

作　者

2020 年 3 月

目　　录

1 绪 论

1.1 研究意义

煤矿开采诱发的开采沉陷是一种严重的矿山地质灾害。以煤炭资源大省山西省为例,巨量的煤炭资源产出造成了当地大面积的沉陷,数千村庄房屋严重受损,耕地和水资源遭遇严重破坏[1]。

煤矸石和粉煤灰作为常见的大宗固体废物,在自然界中堆放会严重污染空气和水资源[2-3],据统计[4],2017 年中国的煤矸石产量为 6.2 亿 t,粉煤灰产量为 5.8 亿 t。虽然近年来我国在固体废物综合利用上取得了显著进展,但仍然有大量的煤矸石和粉煤灰没有被充分利用,多年来积累的煤矸石已经达到 50 亿 t,粉煤灰的未利用率超过 20%。这些未被利用的煤矸石和粉煤灰在自然界中堆放对环境产生了严重的污染。

煤矿膏体充填技术将煤矸石、粉煤灰等煤系固体废物制备成膏体充填材料充入采空区内,既可以控制开采沉陷,又可以充分利用固体废物,已经成为建筑物下、铁路下、水体下和承压水体上开采(简称"三下一上"开采)的重要手段,在国内外被广泛应用。传统的膏体充填以水泥作为胶凝材料,以粉煤灰、煤矸石(多用于煤矿)、尾砂(多用于金属矿)作为骨料,制备出一种低强度、大流动性的特殊混凝土——膏体充填材料;但水泥在生产过程中会排放出大量的 CO_2。在粉煤灰内掺入碱性激发剂,可以激发粉煤灰活性,从而制备出地聚物。可以用该地聚物代替水泥作为胶凝材料,从而减少碳排放,且地聚物作为胶凝材料与水泥相比,具有耐腐蚀性好、施工和易性好的优势。因此,采用粉煤灰地聚物制备膏体充填材料具备广阔的应用前景。

膏体充填开采完成后,膏体充填材料并未停止变形,而在地应力的作用下发生应变持续增长的蠕变现象;同时,膏体充填材料还受到动力作用的扰动,主要包括冲击地压的作用、爆破荷载的作用和矿车移动荷载的作用。在动力扰动和地应力的共同作用下,膏体充填材料的受力状态会发生改变,膏体充填材料出现蠕变损伤,强度降低,变形增大,充填的长期效果会受到严重影响。在膏体充填开采生产实践中,若未充分考虑膏体充填材料的蠕变变形,则不能保证充填开采后采空区的长期稳定性;若过分考虑膏体充填材料的蠕变变形而提高膏体充填材料的强度,则会造成充填开采成本大幅度增加。因此,在制备出高性能、低成本的地聚物膏体充填材料的基础上,探索动力扰动作用下地聚物膏体充填材料的蠕变特性是膏体充填开采研究领域亟待解决的问题。

本书采用烧碱、水玻璃激发粉煤灰活性来制备地聚物,以该地聚物为胶凝材料,以破碎煤矸石为粗骨料,以煤矸砂和粉煤灰为细骨料,采用正交设计手段进行配合比设计,制备出一种地聚物膏体充填材料,并重点研究动力扰动作用下该地聚物膏体充填材料的蠕变特性,用以指导膏体充填开采实践。

1.2 国内外研究现状

自 1979 年德国格伦德铅锌矿率先使用膏体充填开采以来,世界各国纷纷开展膏体充填开采实践。在中国,甘肃金川二矿与北京冶金设计研究院合作研发并建立了中国第一条膏体充填系统;中国矿业大学于 2006 年在太平煤矿使用了膏体充填系统;邢台矿、小屯矿、岱庄矿、许厂矿也陆续进行膏体充填开采实践;中南大学在孙村煤矿使用了膏体自溜充填系统;北京科技大学、大连大学、辽宁工程技术大学、西安科技大学、山东科技大学、河南理工大学、太原理工大学、湖南科技大学、吉林大学、南华大学、华北理工大学、贵州理工学院等高校也陆续开展了膏体充填开采的试验与应用。在膏体充填领域,主要研究内容包括以下几个方面。

1.2.1 膏体充填材料组成方面

Yilmaz 等[5]研究了以建筑垃圾替代部分含硫尾砂制备膏体充填材料,对不同建筑垃圾掺量的充填体试件进行单轴压缩试验以及 pH 值和 SO_4^{2-} 含量测试,研究结果表明采用建筑垃圾替代部分含硫尾砂对充填体的力学性质和孔隙结构有益;Li 等[6]以石英矿尾砂为骨料,使用水泥和高炉矿渣(两者质量比为 1∶1)作为胶凝材料制备了具有不同初始硫酸盐浓度的充填体,探究了硫酸盐对膏体充填材料早期强度、自干燥过程的影响规律;Mangane 等[7]采用水泥和矿渣作为复合胶凝材料,并掺入减水剂制备膏体充填材料,分析了不同类型的减水剂对充填体力学特性和施工和易性的影响规律;Zheng 等[8]以铜矿尾砂为骨料、水泥和粒化高炉矿渣(两者质量比为 2∶8)为胶凝材料、石灰石粉和减水剂为外加剂制备充填体,研究了两种外加剂掺量对充填体性能的耦合作用;Wu 等[9]以铅锌矿尾砂为细集料、水渣为粗集料、4 种不同的水泥为胶凝材料、尾矿孔隙水和蒸馏水为拌和用水制备充填材料,研究了不同水泥类型和拌和用水对充填材料性能的影响;Cihangir 等[10]使用碱性溶液激发高炉矿渣代替水泥作为充填体的胶凝材料,探究了激发剂类型、浓度和矿渣成分对充填材料强度和稳定性的影响规律;Koohestani 等[11]研究了在膏体充填材料中掺入枫叶木屑、乙烯基/甲基硅烷和醚基增塑剂对其流动特性、强度和微观结构性能的影响情况;Ke 等[12]讨论了尾砂级配与膏体充填材料性质之间的关系,研究了尾砂细度、粒度分布对充填体单轴抗压强度及孔隙结构的影响;Deng 等[13]采用废石、粉煤灰、石灰、水泥制备了一种膏体充填材料,重点研究了固体含量和组成对充填体强度和流变特性的影响规律;Chen 等[14]研究了用磷石膏和建筑垃圾制备膏体充填材料的可行性,从材料的力学性能、施工和易性、强度形成的微观机理及对环境的影响方面进行了深入的分析,并为工程应用开发了一种新型充填系统和充填工艺;Wu 等[15]研究了以煤矸石、粉煤灰和水泥制成的煤矿膏体充填材料在多场耦合作用下的力学性能演化规律并构建了 THC(温度、渗流、化学)耦合模型;Sun 等[16]基于响应面法和多目标算法相结合的方法对膏体充填材料的配合比进行研究,获得了考虑单轴抗压强度和坍落度的 Pareto(帕累托)前沿并采用满意度函数获得了膏体充填材料的最优配合比;Jiang 等[17]研究了以碱激发矿渣作为胶凝材料、尾砂为骨料的膏体充填材料配合比,探索了胶凝材料用量、激发剂与胶凝材料质量比、硅酸钠与氢氧化钠质量比、养护温度对膏体充填材料性能的影响规律;周华强等[18]研发了煤矿膏体充填专用的 2 种膏体胶结料,提出了 5 种不迁村膏体充填采煤方法,对中国煤矿膏体充填开采具有里程碑式的意义;冯国瑞等[19]以废弃混凝土为骨料制备膏体充填材料,探索了废弃混凝土掺量和配合比对膏体充填材料强度和工作特性的影响规律,确定了废弃混凝土取代率的合理范围;马国伟等[20]为改善膏体充填材料的脆性,在膏体充填材料中掺入聚丙烯纤维,并采用单轴压缩试验与 CT 扫描(电子计算机断层扫描)相结合的手段研究了掺入纤维后膏体充填材料的强度、峰值应变和细观结构变化特征;王洪江等[21]研究了锗废渣掺入水泥和膏体充填材料后对凝结时间的变化规律,研究结果表明锗废渣对膏体充填材料起到了促凝的作用,可以通过掺入锗废渣调节水泥和膏体充填材料的凝结速度;王新民等[22]以碎石和磷石膏为骨料制备了膏体充填材料,测试了不同配合比的膏体充填材料的坍落度、扩散度和单轴抗压强度,研究结果表明在粒径 10 mm 以下的碎石骨料中掺入磷石膏可以显著提高充填体的强度和施工和易性;刘新河等[23]通过在膏体充填材料中添加骨架进行膏体充填开采的试验研究,通过开采模拟发现,与普通膏体充填开采相比骨架式膏体充填开采能减少地表沉降;张新国等[24]以胶固料、铁矿全尾砂和水为组成材料制备了膏体充填材料,获得了最优配合比,采用相似材料模拟试验分析了膏体充填开采控制开采沉陷的规律并在现场进行了工程应用;李克庆等[25]将水淬镍渣进行激发并作为胶凝材料制备膏体充填材料,探索了细度和激发剂对激发效果的影响规律与机理,制备了一种低成本的充填材料;王斌云[26]研究了电石渣、石膏掺入对煤矸石活化的影响规律,并采用复合激发剂结合高温激发煤矸石活性,制备了一种膏体充填材料;任亚峰[27]在对塔山矿粉煤灰和煤矸石的矿物成分进行测试分析的基础上,提出了采用 $Ca(OH)_2$、$CaSO_4$ 和 $CaCl_2$ 进行复合激发粉煤灰活性的方法,制备出了满足充填要求的膏体充填材料;李理[28]提出采用油页岩废渣制备膏体充填材料,利用正交设计和单因素分析手段进行了膏体充填材料的配合比设计;张钦礼等[29]以充填料浆浓度和各组成材料用量为输入因子,以坍落度和单轴抗压强度为输出因子,采用 BP 神经网络进行了膏体充填材料配合比的优化,得到了最优配合比;刘音等[30]研究了一种新型充填材料,其胶凝材料为碱激发粉煤灰,骨料为建筑垃圾,采用正交试验手段得到了最优配合比,分析了每种正交因素对材料性能的影响;赵才智[31]将较大含泥量的煤矸石与劣质粉煤灰用于煤矿充填材料中,并对其他原材料的来源途径提出了建议;陈蛟龙等[32]将赤泥与煤矸石混合制备出赤泥基似膏体充填材料,通过试验确定了最优配合比并分析了不同龄期的水化产物;尹博等[33]以粉煤灰为细集料、煤矸石为粗集料制备了粉煤灰膏体充填材料,研究了材料的水化机制并构建出描述性模型;李夕兵等[34]以磷石膏为骨料、黄磷渣为胶凝剂提出了全磷废料绿色充填材料制备方法,详细总结了该方法的理论与工艺;许刚刚等[35]利用风积砂和黄土制备充填材料,探讨了不同黄土掺量对充填材料强度和流动性的影响规律。

1.2.2 膏体充填材料力学特性方面

Yilmaz 等[36]研究了膏体充填材料单轴抗压强度与超声波脉冲速度之间的关系,研究结果表明单轴抗压强度与超声波脉冲速度之间存在线性相关性;Wu 等[37]对膏体充填材料进行了单轴压缩试验、三轴压缩试验、超声波脉冲速度试验和声发射试验,结果表明围压与膏体充填材料强度呈正相关,Talbot 指数(塔尔波特指数)与强度之间的关系可以用二次多项式描述;Zhang 等[38]研究了不同配合比下膏体充填材料的流固耦合性能,并在现场将最佳配合比的膏体充填材料进行了应用,现场监测结果表明,采用该配合比的膏体充填材料可以很好地控制开采沉陷;Cui 等[39-40]介绍了水泥质材料在不同水化程度下的弹塑性本构模型,对本构模型进行了二次开发,并基于孔隙空间的连续性以及质量守恒、能量守恒和动量守恒,建立了膏体充填材料的多场耦合模型,该模型能较好地反映膏体充填材料的力学性能;Ghirian 等[41]使用自制试验装置研究了早期热-流-力-化耦合作用下膏体充填材料的剪切强度性能、水力传导率、导热系数和微观结构特征,研究发现了影响膏体充填材料早期热-流-力-化性能的因素;Xu等[42]研究了电阻率与膏体充填材料的单轴抗压强度之间的关系,结果表明,可以通过电阻率预测膏体充填材料的单轴抗压强度;Zhang 等[43]研究了高效减水剂对膏体充填材料水化特性、稠度和强度的影响,结果表明聚萘磺酸盐可以改善膏体充填材料的坍落度和单轴抗压强度;Chen 等[44]针对膏体充填材料在实验室内和实际采场内的强度差异问题开展了研究,设计了一个大型相似采场模型试验,并对不同位置的膏体充填材料取芯测试其单轴抗压强度;Qi 等[45-46]建立了基于机器学习算法和遗传算法的膏体充填材料特性预测智能建模框架,提出了一种由人工神经网络和粒子群优化组合的单轴抗压强度预测智能技术;Huang 等[47]采用改进的分离式霍普金森压杆系统研究了动态荷载下充填体的抗压强度;Suazo 等[48]研究了地下爆破对充填采场中应力波传播、爆炸响应和孔隙水压力的影响规律;李典等[49]研究了膏体充填材料强度受水泥用量、减水剂掺量和细矸率的影响规律,并分析了三个因素之间的交互作用;毋林林等[50]通过对水化热释放量与释放速率的监测研究了以粉煤灰、煤矸石为骨料的膏体充填材料的水化热释放规律,为研究膏体充填材料的力学行为提供了理论支撑;戚庭野等[51]研究了煤矿膏体充填材料中的煤矸石在氢氧化钙中的活性,为研究煤矿膏体充填材料的强度形成机理提供了理论依据;王勇等[52]根据矿山采场初始温度的不同,对不同温度条件下的膏体充填材料进行了单轴压缩试验,获得了单轴抗压强度和全应力-应变曲线,构建了不同初始温度条件下膏体充填材料的损伤本构模型,并基于 COMSOL 平台进行了二次开发;程爱平等[53]采用单轴压缩试验和声发射试验相结合的方法,研究了应变率与声发射时序特征之间的关系,揭示了充填体在加载过程中的裂纹演化规律;程海勇等[54]采用微观扫描手段结合分形理论,深入分析了粉煤灰-水泥基膏体充填材料的微观结构与强度形成机理;陈绍杰等[55]根据膏体充填材料蠕变试验结果,发现随应力水平提高弹性阶段应变率减小而瞬时变形模量增大,提出了充填体的蠕变硬化机制;孙琦等[56]采用饱和 Na_2SO_4 溶液对充填体进行腐蚀试验,并对不同腐蚀时间下的充填体进行三轴蠕变试验,根据试验数据建立了膏体充填材料的蠕变本构模型,揭示了在硫酸盐长期腐蚀和较高应力耦合作用下膏体充填材料的蠕变特性;郭皓等[57]采用水泥、煤矸石和粉煤灰制备膏体充填材料,运用分级加载法进行单轴蠕变试验,建立了考虑损伤变量的 Burgers 模型,该模型能较好地反映材料的蠕变特性;韩伟等[58]基于充填材料单轴压缩蠕变试验结果,利用 FLAC³D 软件模拟研究了充填体三轴蠕变特性;邹威等[59]对充填材料进行不同荷载下的单轴蠕变试验,确定了充填体在不同蠕变阶段的强度特征;赵树果等[60]通过对充填材料进行蠕变试验得出材料的蠕应变与总应变、瞬时应变与荷载均呈线性函数关系;任贺旭等[61]采用全尾砂和水泥制备膏体充填材料,以单轴抗压强度为依据进行单轴蠕变试验并用 Burgers 模型来拟合试验数据,根据试验结果指出蠕变过程中充填体的应变速率与时间呈指数衰减关系,且变形模量变化规律可利用 Logistic 函数进行描述;利坚[62]采用水泥和尾砂制备充填材料,进行了单轴压缩和单轴蠕变试验,建立了单轴压缩损伤本构方程和单轴蠕变损伤本构方程并运用等时曲线法和过度蠕变法确定了充填材料的长期强度;马乾天[63]采用废石、水泥和尾砂制备充填材料,研究了充填材料分别在单轴蠕变和循环加载下的变形规律,同时,运用声发射装置研究了材料的声发射特征;赵奎等[64]采用单轴压缩试验手段研究了尾砂充填胶结体的蠕变性质,推导了蠕变本构方程并基于 FLAC³D 平台进行了二次开发;张佳飞等[65]结合膏体充填材料支护残采隧道的工程实际,研究了以水泥、煤矸石和粉煤灰制作的膏体充填材料在巷道中的蠕变特性并确定了能满足要求的充填材料配合比;周茜等[66]研究了水固比为 2.0 的富水充填材料的蠕变特性,建立了改进的 Burgers 模型,该模型能较好地描述该材料的蠕变规律;Wang 等[67]采用水泥和尾砂制作膏体充填材料并进行固结压缩试验,采用最小二乘法对充填体压缩变形数据和装置模型本构方程进行了拟合分析,并根据分析结果修正了本构模型,得出了在高应力约束条件下充填体固结蠕变本构模型可用于描述充填体的蠕变行为的结论。

1.2.3 膏体充填材料管道输送性能方面

Wu 等[68]基于宾汉姆流变模型,利用 CFD(计算流体动力学)方法建立了长距离管道输送的三维数值模拟模型,研究了我国铜矿膏体充填材料的管道输送性能,在流变性能测试的基础上,采用 CFD 模拟了不同质量浓度、不同堆积能力下管道和弯头的压力和速度;Liu 等[69]采用计算流体力学方法对膏体充填材料浆液的流动特性进行了研究,该方法采用混合模型来表征管流的多相特性,采用反应流模型来研究水化效应,利用试验结果验证了模型的性能,并讨论了水泥水化对模型性能的影响,对骨胶比、进料速度、质量浓度和粒径的耦合效应进行了综合敏感性研究;Wang 等[70]从膏体充填料浆的流变特性出发研究了管道输送性能,通过四因素六水平的设计试验程序测试了矿山膏体充填材料的流变性,揭示了固体组分对膏体充填材料屈服应力的影响;Creber 等[71]通过坍落度试验和黏度计试验研究了温度对屈服应力的影响,并指出温度是屈服应力变化的重要影响因素;Yang 等[72]研究了固体含量对胶结超细尾矿回填流变性的影响,确定了中关铁矿胶结超细尾矿回填的合理配合比并进行了数值模拟,结果验证了在地面进行沉降控制时该配合比的有效性;Xiao 等[73]采用泵送环管试验测量了不同灰砂比、流量和质量浓度的膏体充填材料泵送压力损失,通过重启泵送试验揭示并讨论了不同停泵时间对堵塞事故的影响,应用 Fluent 软件计算了管道中的压力损失和速度分布规律;Zhou 等[74]通过拟合具有 R-R 粒度分布函数特征的测试数据获得了特征参数,应用固液两相流理论和颗粒流动力学理论建立了离散相模型,通过用户定义函数导入了粒子的碰撞和摩擦因素,分析了由相间阻力主导的管道流化系统,比较了不同应力条件下渗流场特性和离散相分布的结果,最终得到了最佳浓度和流速;颜丙恒等[75]针对膏体充填料浆中含有的粗骨料可能造成的管道磨损和堵塞问题,采用数值模拟手段研究了膏体充填料浆的流变参数对粗颗粒迁移的影响规律;王石等[76]探索了在充填材料中掺入阴离子型聚丙烯酰胺对充填料浆流变性能的影响规律,构建了相应的流变模型并推导了管道阻力的计算公式;程海勇[77]研究了膏体充填料浆流变参数与料浆组成参数之间的关系,采用多尺度分析方法分析了流变时-温演化机理,构建了相应的理论预测模型;槐衍森[78]研发了一种新型的可以控制固水速率的材料,并详细分析了质量浓度、管道输送与料浆泌水之间的关系;吴爱祥等[79]考虑了膏体充填料浆输送过程中的管道滑移效应,将管道内的膏体料浆流区划分为几个不同区域,建立了管道输送阻力模型,并在谦比希铜矿膏体充填中进行了工程应用;李帅等[80]从 H-B 流变模型和絮网结构理论出发,针对超细全尾砂似膏体充填料浆在长距离管道中的输送问题,推导了管道阻力的计算公式,分析了料浆在输送过程中的时变特性,构建了流变模型;陈秋松等[81]采用流体数值模拟软件开展了充填料浆在管道输送中的三维数值模拟研究,得到了不同质量浓度条件下的流变参数,采用回归分析方法获得了流变参数与质量浓度之间的函数关系,建立了充填料浆在管道输送中的水力坡度模型;王少勇等[82]采用新型闭路环管试验研究了管道直径以及膏体充填材料料浆流速、质量浓度、骨料粒径对膏体充填料浆管道输送压力损伤的影响规律;张钦礼等[83]针对超深和超长的膏体充填材料管道输送问题,采用 Gambit 软件构建了二维动态模型,并采用 Fluent 软件进行了分离隐式模拟;张修香等[84]采用数值模拟方法,分析了膏体充填料浆的质量浓度与管道输送阻力之间的关系,研究结果表明料浆浓度为 83%～84%时可以实现自流输送;兰文涛[85]研发了半水磷石膏充填材料,并通过一系列的管道输送试验和流变试验研究了充填材料的输送特性,研发了对应的充填工艺系统;杨志强等[86]研究了由戈壁砂代替棒磨砂制备的膏体充填材料的流动性差异,发现当质量浓度在 82%以下时由两种骨料制备的充填料浆流动性接近,而当质量浓度超过 82%时由戈壁砂制备的充填料浆具有更好的流动性;傅小龙等[87]在煤矿膏体充填材料中掺入萘系和聚羧酸两种类型的减水剂,分析了掺入减水剂后充填料浆的流变参数和流动性参数的变化规律,研究结果表明聚羧酸减水剂更适用于煤矿充填料浆。

1.2.4　膏体充填材料耐久性方面

Fall 等[88]研究了温度与硫酸盐耦合下膏体充填材料强度性质的演变特征,结果表明硫酸盐与温度的耦合对膏体充填材料有显著影响,硫酸盐对硅酸钙水化物有负面影响;Liu 等[89]为了研究高硫酸盐矿井水对膏体充填材料的影响,通过单轴压缩试验、X 射线衍射(XRD)和扫描电子显微镜(SEM)分析了硫酸盐环境中膏体充填材料的宏观和微观结构变化特征,讨论了劣化和开裂的机理;Rong 等[90]研究了初始硫酸盐含量对由粗尾矿制备的膏体充填材料性能的影响,获得了硫酸盐含量和养护时间对膏体充填材料总孔隙率、孔径分布和单轴抗压强度的影响;Jiang 等[91-92]研究了膏体充填材料在低温环境下的力学性能,探索了 NaCl 与低温共同作用下膏体充填材料的屈服应力变化规律,研究了化学腐蚀和低温对膏体充填材料力学性能的影响,结果表明膏体充填材料的空隙率和含水量与温度呈负相关,膏体充填材料的单轴抗压强度与低温下 NaCl 的浓度呈负相关;Dong 等[93]研究了硫化物对铅锌尾矿膏体充填材料长期强度的影响,制备了 4 种硫含量的膏体充填材料并研究了它们在养护 28～360 d 后的物理化学特征,还进行了膏体充填材料试件的扫描电子显微镜(SEM)和压汞孔隙率(MIP)测定,研究结果表明膏体充填材料受到硫化物影响在早期具有早强特征,在养护 90 d 时达到最高强度,此后强度开始衰减并不断降低;Aldhafeeri 等[94]研究了由含硫化物的尾砂制备的膏体充填材料力学特性受温度影响的机制,对在不同温度下养护的膏体充填材料试件进行了氧气消耗测试以研究它们的反应性,并进行了 XRD、MIP 测定和热重分析以评估膏体充填材料的微观结构特征,研究结果表明随着养护温度升高,反应性通常降低,膏体充填材料孔隙水中硫酸盐的存在可显著影响在高温(50 ℃)下养护的膏体充填材料的反应性;Zheng 等[95]研究了使用活性 MgO 活化磨碎的高炉渣作为胶凝材料与富含硫化物尾砂制备膏体充填材料,研究了炉渣中活性 MgO 含量对膏体充填材料无侧限抗压强度的影响,进行了包括酸和硫酸盐侵蚀在内的潜在反应的热力学计算和分析;Liu 等[96]提出了一个微观结构水化模型,以研究内部硫酸盐侵蚀对膏体充填材料力学特性的影响,并通过试验观察验证了内部硫酸盐侵蚀模型,在 PFC^{2D} 软件中实现了所提出的内部硫酸盐侵蚀模型,分析了膏体充填材料在单轴压缩受载期间的失效模式;刘娟红等[97]采用酸溶液浸泡的方法,针对 pH 值为 1 和 3 两种酸性环境下充填体的强度演化规律进行了研究,并采用 SEM、EDS 和 XRD 相结合的方法探索了酸性环境下充填体强度劣化的机理;黄永刚[98]以硫酸为腐蚀溶液,研究了 3 种不同 pH 值条件下充填体的物理、力学和化学性质劣化规律,并采用核磁共振和 XRD 相结合的方法对微观劣化机理进行了研究,进行了酸性环境下充填体强度的演化规律预测;兰文涛[99]研究了尾砂胶结充填体、高水充填材料的碳化规律,对充填体的碳化深度、碳化前后的强度变化特征和微观结构的演化规律进行了深入的研究;徐文彬等[100]采用三点弯曲加载方式对高温下膏体充填材料进行了试验研究,并采用高速摄像机对充填体的断裂特征与裂纹演化规律进行了探索;程海勇等[101]开展了高硫充填材料的强度受硫元素影响的劣化试验,采用 XRD 和 SEM 对劣化机理进行了微观分析;高萌等[102]对富水充填材料在碳酸盐腐蚀作用下的损伤劣化开展了腐蚀试验,并对充填体的劣化机制进行了研究;姜明阳[103]以建筑垃圾为骨料制备了膏体充填材料,基于正交设计手段进行了配合比设计,并重点研究了建筑垃圾骨料充填体的碳化与腐蚀规律,构建了碳化深度与强度衰减关系的数学模型。

1.2.5　开采沉陷与采空区处理方面

在开采沉陷方面,Zhang 等[104]提出通过控制固体充填材料的压缩比确定等效采高,并提出了一种基于等效采高的概率积分预测模型,描述了基于最大等效采高的地表沉降基本控制原则,提出了采用充填体压缩比作为关键控制指标的工程设计方法和确定沉降预测关键参数的方法,研究成果对固体充填控制开采沉陷有重要的指导意义;Chen 等[105]详细介绍了我国控制开采沉陷的主要措施,分析了条带开采、离层注浆、充填开采等方法的优缺点并提出了综合利用几种沉陷控制措施的新思路,介绍了岱庄煤矿充填开采的工程应用,应用结果表明地表下沉系数为 0.08,回收煤量超过 48.8 万 t,证实了采用综合技术可有效减少地表沉陷和煤炭资源的浪费;Wang 等[106]针对厚松散层条件揭示了表面坍塌的形成机制以及两个关键参数(采矿长度和采矿高度)所起的作用,提出了采用条带充填的方法控制开采沉陷;Salmi 等[107]研究了煤岩劣化对煤柱和矿房稳定性的影响规律及其对开采沉陷的影响,提出了一种简单的定量方法来分析数值模拟中煤岩的劣化效应;Xuan 等[108]研究了离层注浆技术中注浆材料的刚度和分布对控制开采沉陷效果的影响;Zhou 等[109]采用物理模拟、理论分析相结合的方法研究了厚冲积层煤矿区地表沉降特征,研究结果表明厚冲积层煤矿区的沉降由四部分组成:采煤引起的基岩沉降后冲积土的沉降、冲积土与基岩之间的协同下沉、煤矿区地下水损失和冲积土固结引起的沉降、采煤扰动下浅层土的压实沉降;Fan 等[110]针对深部开采造成的开采沉陷持续时间较长的情况,提出了一种结合差分干涉合成孔径雷达(D-InSAR)与传统的概率积分相结合的方法,以模拟生成整个下沉盆地,利用 D-InSAR 获得了开采沉陷预计参数,然后采用概率积分法进行了计算,将开采沉陷预计结果与现场监测结果进行了比较,两者吻合较好;麻凤海[111]进行了基于可视化新技术的理论演进研究,对开采沉陷的可视化技术和开采沉陷研究流派进行了全面的论述;高超等[112]基于层状弹性梁板岩层沉陷控制理论和随机介质理论,建立了适合近浅埋深特厚煤层综放开采的沉陷预计模型,该模型可以克服概率积分法的缺陷,对特厚煤层开采沉陷预计具有较高的准确性;许家林等[113]提出了煤层倾角为近似水平条件下条带开采沉陷误差的纠正方法,编制了条带开采条件下开采沉陷预测误差的纠正软件;代张音等[114]建立了单元体开采和半无限开采条件下顺层岩质斜坡的开采沉陷预测模型,该模型对于顺层岩质斜坡条件下的开采沉陷具有较高的精度;李培现等[115]采用遗传算法建立了基于矢量移动值的反演模型,该模型针对多工作面和不规则采空区形状的开采沉陷具有更高的预测精度;黄磊等[116]针对公路隧道穿越采空区这一研究热点,以成渝高速公路重庆八岳山隧道为研究对象,介绍了陡倾斜采空区治理技术的现状和公路隧道穿越陡倾斜采空区的处理原则,总结了陡倾斜采空区对八岳山隧道稳定性的影响,结合陡倾斜采空区的处理实践分析了隧道穿越陡倾斜采空区的处理技术;王树仁等[117]对桥隧工程下伏采空区问题进行了系统总结与梳理,采用理论分析和数值模拟相结合的手段研究了桥梁与隧道过下伏采空区时应力场和位移场的分布规律,针对科学治理采空区提出了具体可行的建议;王乐杰[118]以我国西南地区某高速公路隧道下伏采空区为研究对象,采用概率积分法对采空区产生的采动影响进行了预测,提出了提高隧道稳定性的措施;张峰[119]以引滦入津输水隧洞为研究对象,探索了铁矿开采产生的地下空区对隧洞稳定性的影响范围与规律;刘玉成等[120]针对近似水平煤层开采条件下岩层移动和地表下沉盆地形成特征,提出了一种新的双曲线型拟合函数来预测主断面上的移动和变形;成晓倩等[121]采用 D-InSAR 和概率积分法对大量雷达数据进行分析处理,实现了开采沉陷的动态模拟过程;宋世杰等[122]以榆神矿区上覆岩层层状结构为工程背景,开展了不同砂岩层数、不同砂岩覆岩厚度、不同砂泥比条件下的数值模拟研究,分析了开采沉陷的规律;鲁明星[123]以唐山矿塌陷区中的世园会 D5 门为研究对象,采用试验研究、理论分析、数值模拟与现场监测相结合的手段,探索了开采沉陷对地表建筑物的影响规律,提出了加固地表建筑物的具体措施。

上述文献在膏体充填材料组成、力学特性、管道输送性能、耐久性以及开采沉陷与采空区处理方面进行了深入的探索,取得了显著的成果,对膏体充填与开采沉陷领域的研究起到了十分重要的推动作用。但在利用粉煤灰进行膏体充填时,多数研究仅仅视粉煤灰为一种掺和料,采用碱性溶液激发粉煤灰活性并制备粉煤灰地聚物充填材料的研究较少;在充填体力学特性研究方面,仅分析充填体在静载作用下的强度和变形规律,对动力扰动因素分析不足,且绝大多数研究集中在弹塑性方面,对充填体在静载长期作用和动力作用下的蠕变扰动效应缺乏研究,无法预测充填开采的长期效果。充填体与软岩、软土相比,其强度特征和内部结构存在差异,对充填体的蠕变扰动效应研究未见报道。因此,一些相关问题需要进一步探讨:

① 怎样科学制备粉煤灰地聚物膏体充填材料并探索其强度形成机理?

② 怎样研究粉煤灰地聚物膏体充填材料在动力扰动和地应力场共同作用下的蠕变变形规律?

③ 怎样建立粉煤灰地聚物膏体充填材料在动力扰动作用下的蠕变扰动本构模型?

1.3 研究内容

（1）粉煤灰地聚物膏体充填材料配合比设计

采用 NaOH 和水玻璃激发粉煤灰活性，制备出粉煤灰地聚物并作为胶凝材料；然后以粉煤灰地聚物、破碎煤矸石粗骨料、煤矸石与粉煤灰混合细骨料、外加剂和水为组成材料制备膏体充填材料，设计一个三因素三水平的正交试验，并测试各种配合比的膏体充填材料的坍落度、3 d 养护龄期单轴抗压强度、28 d 养护龄期单轴抗压强度和 28 d 养护龄期弹性模量（为便于描述，下文简称 3 d 单轴抗压强度、28 d 单轴抗压强度和 28 d 弹性模量），从中选出一个最佳配合比。

（2）粉煤灰地聚物膏体充填材料强度形成机理研究

对粉煤灰地聚物膏体充填材料强度随养护时间变化的规律进行分析，并采用 SEM 和 EDS 手段对粉煤灰地聚物膏体充填材料的微观结构、化学成分进行研究，探索粉煤灰地聚物膏体充填材料的强度形成机理。

（3）一种新型的蠕变扰动试验机的研发

由于传统的试验机无法在开展蠕变试验的同时施加动力扰动，因此本书设计研发一种新型的蠕变扰动试验机，该试验机可以开展充填体的蠕变扰动效应研究；同时，考虑充填体所处的复杂环境，可以进行温度控制和化学溶液腐蚀，实现应力、化学和温度的共同作用；对该试验机的机械运行原理、误差与精度控制进行分析，为后续试验奠定基础。

（4）粉煤灰地聚物膏体充填材料蠕变特性研究

采用分级加载方式获得粉煤灰地聚物膏体充填材料在不同荷载等级作用下的蠕变变形规律，观察充填体衰减蠕变、稳态蠕变和加速蠕变的演化规律；将分级加载蠕变曲线转化为分别加载蠕变曲线，分析充填体的长期强度；将分数阶 Burgers 模型与应变触发的非线性黏壶串联构建充填体的蠕变元件模型，并通过拟合建立充填体蠕变的数学模型。

（5）粉煤灰地聚物膏体充填材料蠕变扰动效应研究

采用自制的蠕变扰动试验机开展粉煤灰地聚物膏体充填材料的蠕变扰动效应研究，对粉煤灰地聚物充填体施加不同形式的动静态组合荷载，分析不同扰动高度对充填体蠕变变形的影响规律；引入扰动元件模型，将扰动元件模型与分数阶 Burgers 模型及应变触发的非线性黏壶串联构建符合粉煤灰地聚物膏体充填材料蠕变扰动特征的模型。

(6) 基于 FLAC^{3D}的粉煤灰地聚物蠕变扰动本构模型二次开发研究

采用 C++语言编程,将本书建立的静载蠕变模型在 FLAC^{3D}平台中进行二次开发,并利用元件参数的改变实现蠕变扰动效应;将开发模型计算的结果与试验数据进行对比,验证开发模型的可靠性。

(7) 桥梁动载作用下粉煤灰地聚物充填体控制开采沉陷规律研究

将开发的模型应用于桥梁动载作用下充填控制沉陷研究,采用数值模拟方法分析粉煤灰地聚物膏体充填材料在桥梁下伏采空区充填应用的可能性,分析采空区相对位置对充填加固采空区的影响,为桥梁下伏采空区稳定性分析提供依据。

1.4　研究目标

(1) 制备满足充填开采需要的粉煤灰地聚物膏体充填材料。

(2) 研发一种新型的可以实现应力、化学、温度共同作用的蠕变扰动试验机。

(3) 探索粉煤灰地聚物膏体充填材料在静载和动静荷载共同作用下的蠕变扰动规律。

(4) 构建粉煤灰地聚物膏体充填材料的蠕变模型和蠕变扰动模型并采用 FLAC^{3D}平台进行二次开发。

(5) 将开发后的蠕变扰动模型应用于桥梁下伏采空区充填治理中,分析桥梁下充填治理采空区的可行性。

1.5　解决的科学问题

(1) 揭示粉煤灰地聚物膏体充填材料的强度形成机理。

(2) 阐明粉煤灰地聚物膏体充填材料的蠕变扰动变形规律。

(3) 构建粉煤灰地聚物膏体充填材料的蠕变扰动本构模型。

1.6　主要创新点

(1) 自行研制一种基于多场作用的蠕变扰动试验机。

（2）得出动静荷载共同作用下粉煤灰地聚物的变形演化规律。

（3）建立充填体蠕变扰动本构模型并在 FLAC³ᴰ 平台中进行应用。

1.7 技术路线

技术路线如图 1.1 所示。

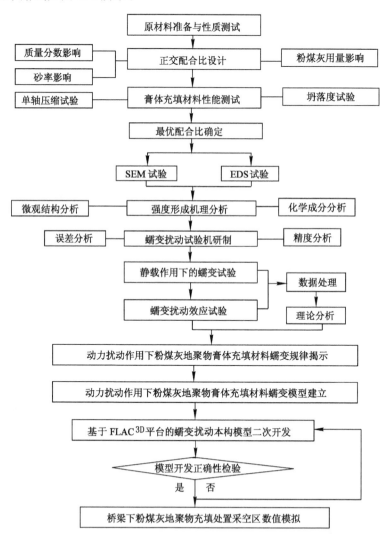

图 1.1 技术路线

（1）准备制备粉煤灰地聚物膏体充填材料的原材料并进行原材料的物理、力学与化学性质测试。

（2）进行粉煤灰地聚物膏体充填材料的正交配合比设计，保持胶凝材料总量不变，设计一个三因素三水平的正交试验。

（3）进行不同配合比的粉煤灰地聚物膏体充填材料坍落度、3 d 单轴抗压强度、28 d 单轴抗压强度和 28 d 弹性模量测试，从中选出一个最佳配合比。

（4）对最优配合比的粉煤灰地聚物膏体充填材料进行微观扫描，分析粉煤灰地聚物膏体充填材料的强度形成机理。

（5）研发一种新型的蠕变扰动试验机，为后续的蠕变扰动试验奠定基础。

（6）开展静载作用下粉煤灰地聚物膏体充填材料的蠕变试验。

（7）建立静载作用下粉煤灰地聚物膏体充填材料的蠕变本构模型。

（8）开展粉煤灰地聚物膏体充填材料的蠕变扰动效应研究。

（9）建立动力扰动作用下粉煤灰地聚物膏体充填材料的蠕变扰动本构模型。

（10）采用 C++语言并基于 FLAC^{3D} 平台进行粉煤灰地聚物膏体充填材料蠕变扰动本构模型的二次开发。

（11）采用开发后的蠕变扰动本构模型开展数值模拟研究，得出在桥梁动载作用下粉煤灰地聚物膏体充填开采的控制沉陷效果。

2 粉煤灰地聚物膏体充填材料配合比设计与强度形成机理研究

2.1 引言

地聚物的概念最早由法国学者 Davidovits[124] 提出,具有成本低、能够利用固体废物、耐久性好的优点,且属于环境友好型材料,近年来在混凝土领域已经被广泛研究和应用[125-129]。但地聚物在膏体充填材料领域应用较少,直接使用混凝土领域中的配合比并不适用于膏体充填材料,因为混凝土中使用的骨料通常是天然骨料,使用的胶凝材料用量也明显高于膏体充填材料。而在膏体充填材料中使用的尾砂和煤矸石等材料性能与天然骨料性能相比存在明显差距,煤矸石骨料吸水性较大,尾砂骨料则粒径较小,且为避免材料成本过高,使用的胶凝材料数量明显低于混凝土中使用的。因此,如何利用粉煤灰地聚物胶凝材料和煤矸石骨料制备膏体充填材料以及确定合理的粉煤灰地聚物膏体充填材料配合比是一个值得研究的问题。

2.2 试验原材料

胶凝材料和骨料的物理、力学特性和化学成分会对膏体充填材料的性质产生很大的影响,粗细骨料的粒径级配会对坍落度有着较大的影响并且对抗压强度也有一定的影响。由于试验原材料以粉煤灰地聚物为胶凝材料,所以粉煤灰的化学成分对抗压强度有着不可忽略的影响。因此,在试验之前必须要先测定试验原材料的物理性质和化学成分,并在此结果的条件下进行试验研究。

(1)粉煤灰

本试验所用粉煤灰来自阜新市发电厂,试验前对粉煤灰的粒度和化学成分进行了分析。

粉煤灰的粒度对粉煤灰活性影响较大,粒度越小其活性越大,因此先对粉煤灰的粒度进行分析。粒度分析采用 BT-2003 型激光粒度分布仪,取少量粉煤灰放入试验的介质水中,通过激光粒度分布仪分析出粉煤灰的粒度分布,试验结果如表 2.1 和图 2.1 所示。

表 2.1　粉煤灰粒度检测结果

分析项目	D3/μm	D10/μm	D25/μm	D75/μm	D90/μm	D98/μm
结果	0.605	1.731	6.603	42.130	64.510	95.600
分析项目	体积平均径 /μm	面积平均径 /μm	长度平均径 /μm	中位径 /μm	比表面积 /(m²/kg)	遮光率 /%
结果	27.820	3.869	0.440	21.390	574.2	9.52

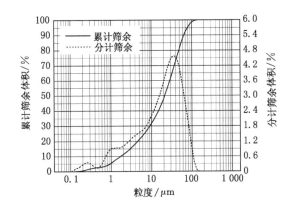

图 2.1　粉煤灰粒度曲线

　　粉煤灰化学成分测试结果如表 2.2 所列。从表中可以看出粉煤灰的二氧化硅和氧化铝含量之和为 81.58%,这两种氧化物是主要的活性物质,说明粉煤灰活性较高;其氧化钙含量小于 10%,可知该粉煤灰为低钙粉煤灰。

表 2.2　粉煤灰化学成分测试结果

化学成分	SiO_2	Al_2O_3	Fe_2O_3	CaO	MgO	SO_3
含量/%	64.24	17.34	5.43	5.31	2.94	0.84

　　(2) 自燃煤矸石

　　本试验选用的煤矸石为阜新市平安煤矿的自燃煤矸石,煤矸石收集场地如图 2.2 所示。收集的煤矸石先用大锤破碎成小块,使其能容易放进破碎机,然后再通过颚式破碎机破碎,经筛分后使用,粒径为 4.75～13.2 mm 的作为粗骨料,4.75 mm 以下的作为细骨料。煤矸石破碎筛分过程如图 2.3 所示。

图 2.2　自燃煤矸石收集场地

图 2.3　煤矸石破碎筛分过程

由于煤矸砂细骨料的细度模数对材料性能影响较大,因此需要通过筛分试验测定煤矸砂的细度模数。取煤矸砂 500 g,放到电动振筛机上依次通过筛孔尺寸为 4.750 mm、2.360 mm、1.180 mm、0.600 mm、0.300 mm、0.150 mm 和 0.075 mm 的筛子,具体筛分试验结果如表 2.3 所列。

表 2.3 煤矸砂细骨料筛分试验结果

项目	试验数据								
	不同筛孔筛子							筛底	总计
筛孔尺寸/mm	4.750	2.360	1.180	0.600	0.300	0.150	0.075		
筛余质量/g	25.50	191.30	59.80	55.40	49.60	27.30	55.55	35.55	500.00
分计筛余百分率 a_i/%	5.10	38.26	11.96	11.08	9.92	5.46	11.11	7.11	100.00
累计筛余百分率 A_i/%	5.10	43.36	55.32	66.40	76.32	81.78	92.89	100.00	
通过百分率 p_i/%	94.90	56.64	44.68	33.60	23.68	18.22	7.11	0	

通过细度模数公式计算煤矸砂细度模数 M_r 为：

$$M_r = \frac{(A_{2.360} + A_{1.180} + A_{0.600} + A_{0.300} + A_{0.150}) - 5A_{4.750}}{100 - A_{4.750}} \approx 3.14$$

根据细度模数计算结果,可判断颚式破碎机破碎出的煤矸砂为粗砂。

对自燃煤矸石的各种氧化物含量进行分析,结果如表 2.4 所列。

表 2.4 煤矸石化学成分

化学成分	SiO_2	Al_2O_3	Fe_2O_3	CaO	MgO	SO_3
含量/%	48.78	21.86	5.38	3.87	0.82	0.16

（3）矿渣

本试验采用的矿渣为蟠龙山牌矿渣粉,对矿渣的化学成分进行分析,分析结果如表 2.5 所列。

表 2.5 矿渣化学成分

化学成分	SiO_2	Al_2O_3	Fe_2O_3	CaO	MgO	SO_3
含量/%	32.69	9.71	3.28	36.34	8.41	4.01

（4）水泥

本试验采用的是阜新大鹰水泥厂生产的 42.5 级普通硅酸盐水泥,水泥物理性能如表 2.6 所列,水泥化学成分如表 2.7 所列。

表 2.6　水泥物理性能

指标	强度等级	比表面积/(m²/kg)	凝结时间/min		3 d 龄期强度/MPa		28 d 龄期强度/MPa	
			初凝	终凝	抗折	抗压	抗折	抗压
数值	42.5	401	260	320	5.5	25.8	8.6	49.8

表 2.7　水泥化学成分

化学成分	SiO_2	Al_2O_3	Fe_2O_3	CaO	MgO	SO_3
含量/%	22.36	5.53	3.46	65.08	2.71	0.55

（5）碱激发剂

试验采用 NaOH 与工业水玻璃作为碱激发剂,工业水玻璃波美浓度为 40,初始模数为 3.3,SiO_2 含量为 29.16%（质量百分数）,Na_2O 含量为8.97%（质量百分数）。水玻璃作为碱激发剂比较常见,且在用碱量相同的情况下,不同的水玻璃模数对强度也有很大的影响,市场销售的水玻璃模数一般都比较高,因此将水玻璃模数调到合适的数值至关重要。本试验将 NaOH 加入水玻璃溶液中使其水玻璃模数为 1.6,用碱量取 8%（按 Na_2O 质量百分数计算）。

（6）早强剂

试验采用的是有机早强剂,其成分为三乙醇胺。

（7）拌和水

试验所用拌和水为自来水。

2.3　试验方法

2.3.1　试件制备

在试验过程中,我们发现当胶凝材料用量较低时采用传统的一次拌和方式不能够形成强度,因此本试验中膏体充填材料的拌和采用团队研发的新型拌和工艺,即将少量粉煤灰与矿渣、水泥、碱激发剂和少量水先进行拌和,此时粉煤灰所处的碱性溶液浓度较高,有利于粉煤灰活性的激发,静置一段时间使得粉煤灰发生反应,此后再加入剩余材料和拌和水进行拌和。1 d 后拆模,养护 28 d备用,具体制备步骤如图 2.4 所示。

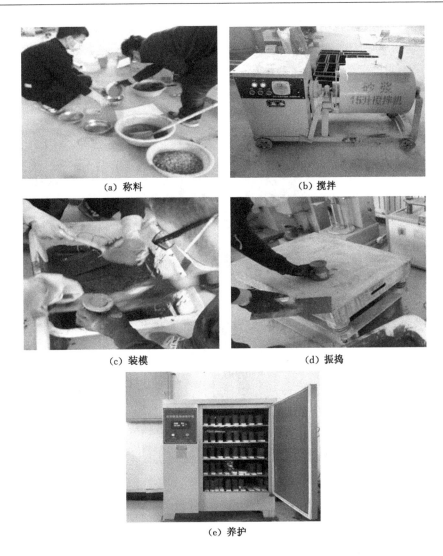

(a) 称料   (b) 搅拌

(c) 装模   (d) 振捣

(e) 养护

图 2.4　试件制备步骤

2.3.2　单轴压缩试验

单轴抗压强度是表征膏体充填材料力学性质的重要物理量,决定了充填材料能否在荷载作用下不发生破坏。将膏体充填材料制成 $\phi50$ mm$\times$100 mm 的圆柱形试件,制作完成 1 d 后拆模,在标准养护条件下养护 28 d 后进行单轴压缩试验。采用 WDW-300 型万能试验机试验并以 1 mm/min 的加载速率进行加载,试验机自动读出加载数据并显示全应力-应变曲线。每组取 3 个试件进行平行试验,当 3 个试件的单轴抗压强度与中间值的误差在 15% 以内时,取 3 个试件的平均抗压强度作为试验结果;当 3 个试件中 1 个误差超过 15% 时,取 2 个试件强度的平均值作为试验结果;若 3 个试件误差均超过 15%,则废弃该组数据并重新开展试验,试验设备及过程如图 2.5 所示。

(a) WDW-300 型万能试验机　　　　　　(b) 试件准备

(c) 典型破坏照片

图 2.5　单轴压缩试验设备及过程

2.3.3　坍落度试验

坍落度是反映膏体充填材料流动性的重要物理量,流动性决定了充填材料能否顺利泵送至采空区内。坍落度的试验仪器包括坍落度筒、漏斗、标尺、捣棒,其中坍落度筒的上口直径为 100 mm,下口直径为 200 mm,筒高为 300 mm,测量坍落度的标尺量程为 300 mm。在做坍落度试验的过程中,首先将坍落度筒和底板润湿,之后将制作好的材料分 3 次装填入坍落度筒中,每次装填的量为坍落度筒高度的 1/3,每装填 1/3 后用捣棒插捣 25 次,全部装填完毕后,用抹子将表面抹平,最后快速提起坍落度筒,用标尺量出坍落度值。坍落度试验步骤如图 2.6 所示。

（a）准备坍落度筒   （b）充填材料装填与插捣

（c）提起坍落度筒   （d）坍落度测量

图 2.6　坍落度试验步骤

2.3.4　微观扫描试验

采用 QUANTA250 型扫描电子显微镜对材料进行微观观察,试验如图 2.7
所示,以研究膏体充填材料的微观结构和化学成分,探索膏体充填材料的强度
形成机理。微观结构分析样本主要选取膏体充填材料中不含粗骨料的细集料
和胶凝材料部分。

2.4　配合比正交设计

由于成本原因,固定胶凝材料用量为 $150\,kg/m^3$,根据试验需要设计三因素
三水平正交试验,以质量分数 A、粉煤灰用量 B、砂率 C 为正交试验的 3 个因
素,其中质量分数的 3 个水平为 78%、80% 和 82%,粉煤灰用量的 3 个水平为
20.0%、22.5% 和 25.0%,砂率的 3 个水平为 70%、75% 和 80%。根据正交设

图 2.7　微观扫描试验

计原理,共设计 9 组配合比,根据 9 种不同的配合比测试其坍落度、3 d 单轴抗
压强度、28 d 单轴抗压强度和 28 d 弹性模量。正交试验因素和详细的正交配合
比方案见表 2.8 和表 2.9。

表 2.8　正交试验因素水平表

水平	质量分数 A/%	粉煤灰用量 B/%	砂率 C/%
1	78	20.0	70
2	80	22.5	75
3	82	25.0	80

表 2.9　正交配合比方案

试验方案编号	质量分数 A/%	粉煤灰用量 B/%	砂率 C/%
1	78	20.0	70
2	78	22.5	75
3	78	25.0	80
4	80	20.0	75
5	80	22.5	80
6	80	25.0	70
7	82	20.0	80
8	82	22.5	70
9	82	25.0	75

2.5 试验结果与讨论

2.5.1 试验结果

试件通过坍落度测试和单轴压缩测试得到的试验结果见表2.10。

表 2.10 正交试验结果

试验方案编号	坍落度/mm	3 d 抗压强度/MPa	28 d 抗压强度/MPa	28 d 弹性模量/MPa
1	252	0.75	0.93	53
2	209	1.13	1.39	98
3	154	1.08	1.32	87
4	171	1.53	1.92	118
5	121	1.67	2.09	135
6	149	1.72	2.15	136
7	78	2.02	2.54	182
8	105	2.16	2.72	235
9	56	2.20	2.79	249

2.5.2 试验结果分析

对试验结果进行极差分析,可得到极差分析结果如表 2.11 至表 2.14 所列,绘制极差分析效应曲线如图 2.8 所示。

表 2.11 坍落度极差分析

类型	质量分数 A/%	粉煤灰用量 B/%	砂率 C/%
k_1	205.000	167.000	168.667
k_2	147.000	145.000	145.333
k_3	79.667	119.667	117.667
R	125.333	47.333	51.000

注:k_1、k_2、k_3 指正交试验中各因素对应物理量的均值;R 指极差。

表 2.12　3 d 抗压强度极差分析

类型	质量分数 A/%	粉煤灰用量 B/%	砂率 C/%
k_1	0.987	1.420	1.543
k_2	1.627	1.653	1.607
k_3	2.127	1.667	1.590
R	1.140	0.247	0.064

表 2.13　28 d 抗压强度极差分析

类型	质量分数 A/%	粉煤灰用量 B/%	砂率 C/%
k_1	1.213	1.797	1.933
k_2	2.053	2.067	2.033
k_3	2.683	2.087	1.983
R	1.470	0.290	0.100

表 2.14　28 d 弹性模量极差分析

类型	质量分数 A/%	粉煤灰用量 B/%	砂率 C/%
k_1	79.333	117.667	141.333
k_2	129.667	156.000	155.000
k_3	222.000	157.333	134.667
R	142.667	39.666	20.333

（1）膏体充填材料坍落度分析

从表 2.11 对坍落度的极差分析结果可以看出:对粉煤灰地聚物膏体充填材料坍落度影响最大的因素是质量分数,且远远大于其他因素对坍落度的影响,这是因为质量分数越大,固体质量越大,用水量越少,坍落度越低;其次是砂率,合适的砂率能使粉煤灰地聚物膏体充填材料骨料级配更加连续,从而影响坍落度;最后是粉煤灰用量,粉煤灰用量影响细骨料的细度模数,从而在细骨料用量不变的情况下影响材料的坍落度。

由于在充填开采中充填材料采用泵送运输方式,因此膏体充填材料在充分搅拌后要有足够的坍落度,以保证充填开采对膏体充填材料坍落度的要求。影

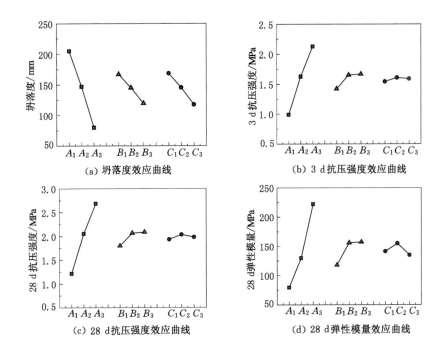

图 2.8　极差分析效应曲线

响坍落度的主要因素是质量分数,且远大于其他因素,改变坍落度最有效的措施是调整质量分数;但质量分数过低会造成膏体充填材料的强度和弹性模量大幅度降低,而且材料还会出现泌水率过大和分层的现象,因此质量分数的调整应在一个合理的范围之内。从试验中可以看出,当坍落度在 $150\sim200$ mm 时膏体充填材料有较好的和易性,坍落度低于 150 mm 时膏体充填材料流动性不足,不利于泵送,坍落度高于 200 mm 会导致膏体充填材料分层离析。

（2）膏体充填材料抗压强度分析

从表 2.12 对 3 d 抗压强度的极差分析结果可以看出:对膏体充填材料抗压强度影响最大的因素是质量分数,质量分数越大,固体质量越大,用水量越少,抗压强度越大;其次是粉煤灰用量,对材料抗压强度影响最小的因素是砂率。因此,在胶凝材料用量一定的情况下,控制充填材料强度最有效的措施为控制质量分数。从表 2.13 对 28 d 抗压强度的极差分析结果可以看出,其各个因素影响规律与 3 d 抗压强度各因素影响规律大体一致,对膏体充填材料抗压强度影响最大的是质量分数,其次是粉煤灰用量,影响最小的是砂率。从表 2.10 的正交试验结果可以看出,无论是哪种配合比,膏体充填材料都出现了早期强度迅速发展的现象,充分说明以粉煤灰地聚物为胶凝材料的膏体充填材料具有早期强度高的优点,符合充填工艺中对膏体充填材料早期强度的要求。

（3）膏体充填材料弹性模量分析

从表 2.14 对 28 d 弹性模量极差分析结果可以看出,对膏体充填材料弹性模量影响最大是质量分数,质量分数越高,固体质量越大,用水量减少,弹性模量越大;砂率和粉煤灰用量相对来说影响较小,粗骨料的适量增加,充填材料弹性模量在一定程度上能够增大,但如果过量增加则导致粗骨料孔隙过大,弹性模量反而减小。粉煤灰用量能调节细骨料的细度模数,使细骨料级配连续,粉煤灰用量增加,细骨料细度模数变为中砂模数,级配变得连续,弹性模量增大。

2.5.3 最优配合比确定

膏体充填材料最重要的两个性能指标是坍落度和抗压强度。通过试验结果分析,综合考虑矿山充填开采工艺实际的要求,方案 4、5、6 的抗压强度均满足生产要求,由于膏体充填材料大多数情况下采用泵送充填,对材料的坍落度要求也比较高,方案 5、6 的坍落度较小,不满足泵送要求,因此确定方案 4 为最优方案,即质量分数为 80%,砂率为 75%,粉煤灰用量为 20%,将该配合比换算成各种材料占总质量的百分比形式表示,如表 2.15 所列。

表 2.15　最优配合比

煤矸石		粉煤灰(不包括胶凝材料内的部分)/%	胶凝材料/%	水/%
细矸/%	粗矸/%			
43.5	18.1	10.9	7.5	20.0

根据正交试验的基本原理,对于确定的最优配合比,需要进一步通过试验验证其可靠性。因此,本书针对确定的最优配合比进行验证试验,验证试验结果为坍落度 178 mm,3 d 抗压强度为 1.56 MPa,28 d 抗压强度为 1.97 MPa。从验证试验结果可以看出,该数据与原试验数据误差不大,具有早期强度高、施工和易性好的特点,能够满足膏体充填开采的要求。

2.6　粉煤灰地聚物膏体充填材料强度形成机理分析

对于粉煤灰地聚物膏体充填材料的强度形成机理,本书采用微观手段对其进行分析。由于在试验过程中发现膏体充填材料属于典型的早强型材料,因此选取 1 d 养护龄期的充填体进行早期强度形成机理分析,选取 28 d 养护龄期的充填体进行最终的强度形成机理分析。对粉煤灰地聚物膏体充填材料的砂浆部分进行 SEM 和 EDS 扫描,采用 QUANTA250 型扫描电子显微镜对 1 d 和 28 d 养护龄期的充填体进行微观结构扫描,得到的微观形貌如图 2.9 所示,EDS 能谱如图 2.10 所示。

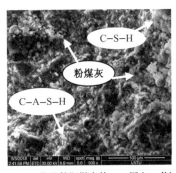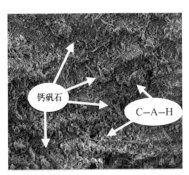

(a) 1 d 养护龄期样本的SEM图(500倍)　　(b) 28 d 养护龄期样本的SEM图(500倍)

图 2.9　不同龄期样本微观形貌

从图 2.9 和图 2.10 可知,1 d 养护龄期和 28 d 养护龄期的充填体内部微观物质主要包括粉煤灰、C—S—H 凝胶、C—A—S—H 凝胶、C—A—H 凝胶和钙矾石。

① 粉煤灰:形状为圆形的颗粒,从 EDS 能谱分析可以知道该物质内主要的化学成分为 Si、Al 和 O 三种元素,与粉煤灰的元素组成基本一致,且形状与粉煤灰的圆形颗粒形状一致,说明此物质是粉煤灰。这是由于在养护 1 d 时,粉煤灰未充分反应,残余了一定量的粉煤灰颗粒。

② C—S—H 凝胶:在充填体的 SEM 图中可以看到白色的絮状化学生成物,从 EDS 能谱分析结果可以看出,该物质与粉煤灰相比,Ca 含量呈现明显的增长趋势,但 Si 和 O 含量呈现明显的下降趋势,据此得出该物质为 C—S—H 凝胶,其生成时的化学反应方程式为[130]:

$$SiO_2 + Ca(OH)_2 + H_2O \longrightarrow CaO \cdot SiO_2 \cdot 2H_2O \qquad (2.1)$$

③ C—A—S—H 凝胶:位置分布呈现不规律的分布特征,主要分布在未反应的低钙粉煤灰圆形颗粒周围,从 EDS 能谱分析结果可以得知,O、Si、Al、Ca、Na 都在其中存在且所占比例较大,应该为 C—A—S—H 凝胶,另外有激发剂中

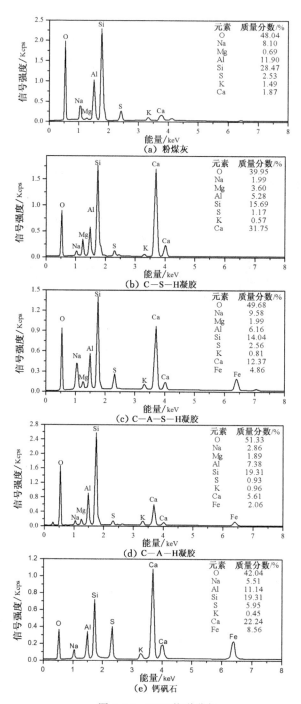

图 2.10　EDS 能谱分析

的 Na 析出附着在膏体充填材料的表面,化学反应方程式为[131]:

$$Al_2O_3 + Ca(OH)_2 + 2SiO_2 + 3H_2O \longrightarrow CaO \cdot Al_2O_3 \cdot 2SiO_2 \cdot 4H_2O$$

$$(2.2)$$

④ C—A—H 凝胶:在 SEM 图上出现了小颗粒絮状物质,通过 EDS 能谱分析可以知道,Al 占比较大,仅次于 O,大于其他元素含量,判断其为 C—A—H 凝胶,化学反应方程式为[132]:

$$Al_2O_3 + Ca(OH)_2 + H_2O \longrightarrow CaO \cdot Al_2O_3 \cdot 2H_2O \qquad (2.3)$$

⑤ 钙矾石:从 SEM 图上可以看出充填体中有针状晶体,通过 EDS 能谱分析可知 Ca 和 O 含量较高,综合分析可以判断其为钙矾石。

对上述微观结构进行分析可以得到粉煤灰地聚物膏体充填材料的强度形成机理。在养护龄期为 1 d 时,粉煤灰地聚物膏体充填材料中存在的 C—A—S—H凝胶和 C—S—H 凝胶将煤矸石、粉煤灰颗粒胶结起来,此时未反应的粉煤灰数量仍然较多,说明粉煤灰的活性尚未被充分激发出来;在养护龄期为 28 d 时,C—A—H 凝胶和钙矾石形成稳定致密的结构,为充填体的后期强度提供保障,此时残余的未反应粉煤灰相对较少,说明粉煤灰活性被较好地激发出来;在粉煤灰地聚物中掺入的矿渣和普通硅酸盐水泥提供了较多的钙质,克服了低钙粉煤灰的缺点,为粉煤灰地聚物膏体充填材料中 C—A—S—H 凝胶、C—S—H 凝胶、C—A—H 凝胶和钙矾石的形成起到了重要的促进作用。

2.7　本章小结

(1) 通过正交配合比试验,分析了质量分数、砂率、粉煤灰用量对膏体充填材料的影响。从坍落度的极差分析结果可以看出,对膏体充填材料坍落度影响最大的是质量分数,且远远大于其他因素对坍落度的影响;从 3 d 抗压强度的极差分析结果可看出,对膏体充填材料抗压强度影响最大的同样是质量分数,质量分数越大则抗压强度越高,28 d 抗压强度各因素影响规律与 3 d 抗压强度各因素影响规律类似;从 28 d 弹性模量的极差分析结果可看出,对弹性模量影响最大的是质量分数,质量分数越高,固体质量增加,用水量减少,弹性模量越大,砂率和粉煤灰用量相对来说影响较小。

(2) 根据试验结果得出最优配合比为质量分数 80%、砂率 75%、粉煤灰用量 20%,此时的粉煤灰地聚物膏体充填材料具备较好的强度、刚度和施工和易性,可以满足膏体充填开采的要求。

（3）SEM 和 EDS 微观扫描结果表明：粉煤灰地聚物膏体充填材料的早期强度主要由 C—A—S—H 凝胶和 C—S—H 凝胶胶结粉煤灰和煤矸石提供，后期强度主要由 C—A—H 凝胶、钙矾石和骨料形成致密的结构提供，矿渣和普通硅酸盐水泥的掺入克服了低钙粉煤灰的缺点，对 C—A—S—H 凝胶、C—S—H 凝胶、C—A—H 凝胶和钙矾石的形成起到了重要的促进作用。

3　一种新型的蠕变扰动试验机研制

3.1　引言

为研究动力扰动作用下粉煤灰地聚物充填体的蠕变特性,需对充填体试件进行单轴压缩条件下的蠕变试验以及蠕变作用下的扰动试验。目前,大多数试验机只能进行单一的蠕变试验,不能实现动静态荷载的组合施加,无法满足试验需求。因此,需研制一种可对试件施加不同形式的动静组合荷载并能灵活调整荷载大小的专用试验机。

在蠕变扰动试验机研制方面,崔希海和高延法等[133-134]研制出 RRTS-Ⅰ型和 RRTS-Ⅱ型岩石流变扰动效应试验仪。这些研究均针对岩石试验机设计,其量程相对较大,而粉煤灰地聚物膏体充填材料强度低,应用这些设备进行粉煤灰地聚物膏体充填材料的蠕变扰动效应研究时精度可能达不到要求,且不能实现温度、应力和化学腐蚀共同作用。因此,我们独立研发了一种新型的蠕变扰动试验机。

为顺利进行试验,所研发的蠕变扰动试验机需要满足以下 3 个条件:

（1）可以对试件提供长时间、大小恒定的轴向荷载,并且可根据试验需求增大或减小轴向荷载。

（2）可以对试件施加动力扰动作用,并且可以随时调整动力扰动作用的强度、间隔时间、施加总时长等。

（3）可以实时记录试验过程中试件的应变值、应力值,且数据测量采集精度达到试验要求。

3.2　蠕变扰动试验机整体设计

根据蠕变扰动试验机应满足的条件,试验机应由以下几个主要部分组成:

（1）轴向荷载施加装置。对试件施加轴向荷载,进行单轴压缩下的蠕变试验。

（2）扰动荷载施加装置。对试件施加扰动荷载，进行单轴压缩下的蠕变扰动试验。

（3）试验数据采集系统。实时采集试件应变值，实时存盘。

3.2.1　蠕变扰动试验机设计依据

（1）试件应力 σ 取值范围：0～3 MPa。

（2）试件截面尺寸：试验采用 ϕ50 mm×100 mm 标准圆柱体试件，试件截面面积 $A=\pi\times25$ mm×25 mm=1 963.5 mm^2，设计时轴向荷载施加装置的荷载施加面面积应大于 A。

（3）试件轴向长度：标准圆柱体试件轴向长 100 mm，试件放置处至轴向荷载施加装置最低处需保留大于 100 mm 的净空高度。

（4）试件轴向荷载：轴向荷载施加最大值 $F=A\times\sigma=1$ 963.5 mm$^2\times$ 3 MPa=5 890.5 N，即轴向荷载在 0～5 890.5 N 之间调节，且数值可实时观测以保证恒定。

（5）应变数据采集：采用应变片和应变采集仪进行数据采集，应变采集仪可提供多个数据采集通道。

（6）试验机稳定性：试验机有承受不同形式动静态组合荷载作用的能力，无论是轴向荷载还是动力扰动作用，应保证其在施加或调节的过程中不产生较大的晃动。

由于蠕变扰动试验是在试件进行蠕变试验时施加扰动荷载的，因此以轴向荷载施加装置为基础配置动力扰动施加装置，或将两者设计为一体；数据采集系统则独立设置；以数据线连接，将三部分组合为试验机主体。

3.2.2　蠕变扰动试验机结构设计与制造[135]

结合上述试验机设计要求，以杠杆原理作为扩力方式、重力为加载方式，设计出一种新型蠕变扰动试验机。该试验机由主体钢结构、蠕变及扰动荷载施加装置、应变测量采集系统组成，如图 3.1 和图 3.2 所示。

（1）主体钢结构

主体钢结构包括固定支座、支撑底座、配重圆铁、与底座焊接竖直固定的支撑柱、与支撑柱垂直铰接的主梁及放置试件的活动承台。与传统杠杆式蠕变试验机相比，该试验机增加了承压板活动承台，可通过内部螺纹的旋转来调节承

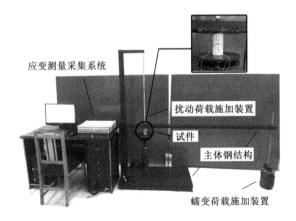

图 3.1　蠕变扰动试验机

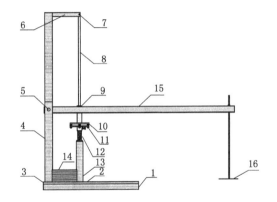

1—固定支座；2—支撑底座；3—底座加筋肋；4—支撑柱；5—连接支撑柱和主梁的活动轴承；

6—方形连接杆；7—连接杆和直管之间的活动螺栓；8—直管；9—扰动钢环；10—活动承台；

11—调平组件；12—活动承台固定扣；13—固定承台；14—配重圆铁；15—主梁；16—加载托盘。

图 3.2　蠕变扰动试验机主体组成

台上下高度，控制承压板以适应不同高度的试件。主梁以活动轴承为轴可在竖直平面内转动；支撑底座底部设有固定支座，侧部设有用于增强支撑底座抗弯能力的加筋肋。

作为整个蠕变试验机的基础，主体钢结构是承载试验机其他部分的平台。试验机所用钢材均采用 Q235C，有良好的强度、塑性和焊接等性能。试验机主体钢结构中，主梁采用槽钢，支撑柱与底座均采用角钢，各部分的连接除主梁与支撑柱为铰接外，其余均为焊接。

（2）蠕变荷载施加装置

蠕变荷载施加装置包括主梁、主梁与承台间的承压板、主梁远离支撑柱一端的加载托盘、各种不同质量的砝码。试验机利用重力杠杆加载方式施加蠕变荷载，能保持长时间且恒定的轴向压力；同时，以杠杆主梁的下表面作为夹具，在试件发生蠕变时可随着试件的蠕变变形而旋转移动加载，这可解决夹具无法根据材料的蠕变量进行调节的问题，减少杠杆失衡的可能性。

试验时，通过试验机各部分尺寸确定出杠杆传力比，利用杠杆传力比计算出拟施加荷载，之后在加载托盘上放置相应质量的砝码使试件所受应力达到预定值。试件在蠕变过程中如果需要提高应力，计算后可在加载托盘上增加相应质量的砝码，同时为保证放置砝码后作用在试件上的荷载与计算结果一致，在试件底部及承压板之间设置测力传感器，以保证施加荷载的准确性及长期施加荷载的稳定性。

（3）扰动荷载施加装置

扰动荷载施加装置包括支撑柱顶部利用活动轴承固定的竖直直管及特制的扰动钢环。试验时，扰动荷载通过竖直直管施加，即将特制的钢环提到直管预定高度后自由释放下落而冲击主梁，主梁将冲击扰动荷载传递至试件上。特制的钢环有 250 g、500 g、1 000 g 三种规格。

施加扰动荷载的方式有两种：一是保持钢环质量不变，改变钢环释放高度；二是保持钢环释放高度不变，改变钢环质量。选用不同的施加方式即可对试件施加不同大小的扰动荷载。这两种施加方式均可自由改变扰动荷载作用间隔、作用次数、作用总时间等。

测量压力与扰动力采用 ZNHM-ⅡX 型测力传感器，其技术指标包括静态参数和动态参数。

① 静态参数

灵敏度：(2.0 ± 0.1) mV/V；

测力范围：$0 \sim 6\ 000$ N；

过载能力：120%；

线性度：$<1\%$ F·S；

迟滞：$<1\%$ F·S；

重复性：$<1\%$ F·S；

输入阻抗：(350 ± 20) Ω；

工作温度：$-20 \sim 65$ ℃；

输出阻抗:(350±3) Ω;

绝缘电阻:>10^{13} Ω;

激励电压:5~15 V DC。

注:F・S 是全量程 Full Scale 的首字母缩写,%F・S 指传感器的指标相对传感器全量程误差的百分数。

② 动态参数

谐振频率:>45 kHz。

(4) 应变测量采集系统

应变测量采集系统采用温度自补偿电阻应变片,型号为 BX120-20AA (20×3),电阻值为(120±0.2) Ω,灵敏系数为 2.08±0.01,规格为(2.8×5) mm。应变测量采集装置选用江苏东华公司生产的 DH3817K 动静态应变测试分析系统。通过导线将电阻应变片与采集系统相连,将采集系统与台式电脑相连,采集过程通过台式电脑操作。

DH3817K 系统可实现采样、传送、存盘、显示功能,且有手动、实时、定时采样模式可供选择,同时还能进行时域的处理,包括计算最大值、最小值、平均值等。该系统为动静态采集系统,可保证动静态荷载组合作用下数据采集的稳定性和准确性,系统的技术指标如下。

通道数:32 通道数据采样箱,无限多通道计算机控制同步工作;

连续采样频率:每通道 1、2、5、10、20、50、100、200、500、1 000(Hz)多种可选频率;

测量范围:应变测量±3 000 $\mu\varepsilon$、±30 000 $\mu\varepsilon$,电压测量±3 mV、±30 mV;

内置电阻及程控:电阻为 120 Ω 标准电阻,程控切换有 1/4 桥、半桥、全桥可选;

系统示值误差:不大于 0.5%±3 $\mu\varepsilon$;

零漂:3 $\mu\varepsilon$/2 h;

电源:交流电(220±22) V,(50±1) Hz;

外形尺寸:长 290 mm,宽 115 mm,高 220 mm。

3.2.3　蠕变扰动试验机结构设计原理

试验机采用重力杠杆加载原理,其简化图如图 3.3 所示。

根据图 3.3 可列出力矩平衡条件:

$$F_1 \cdot L_1 = Mg \cdot L_2 + (F_2 + mg) \cdot L_3 \qquad (3.1)$$

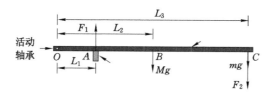

图 3.3 重力杠杆加载原理简化图

式中　L_1——试件放置点 A 距杠杆转动点 O 点的距离,m;

　　　　L_2——主梁重心点 B 距 O 点的距离,m;

　　　　L_3——荷载施加点 C 距 O 点的距离,m;

　　　　F_1——试件反作用力,N;

　　　　M——杠杆质量,kg;

　　　　m——加载托盘质量,kg;

　　　　F_2——施加荷载,N;

　　　　g——重力加速度,取 9.8 N/kg。

由式(3.1)可推导出:

$$F_1 = \frac{Mg \cdot L_2 + (F_2 + mg) \cdot L_3}{L_1} \tag{3.2}$$

设施加的蠕变荷载质量为 M',则:

$$F_2 = M'g \tag{3.3}$$

试件为单轴压缩状态,试件受力面积为 $A(\mathrm{mm}^2)$,则试件所受主应力 σ 可表示为:

$$\sigma = \frac{F_1}{A} \tag{3.4}$$

将式(3.2)与式(3.3)代入式(3.4)中可得:

$$\sigma = \frac{g[M \cdot L_2 + (M' + m) \cdot L_3]}{A \cdot L_1} \tag{3.5}$$

式(3.5)中 L_1、L_2、L_3、M、m 均可测出,由此得到试件所受应力与蠕变荷载质量之间的关系式,进而通过施加不同质量的蠕变荷载使试件承受对应大小的应力。

3.3　蠕变扰动试验机误差及精度分析

3.3.1　试验机加荷系统误差分析

试样在蠕变试验时受力后发生变形,试验机主梁随之产生偏斜,设偏斜角

度为 α，倾斜后原主梁上的 O、A、C 点移动到 O'、A'、C' 点，同时由于主梁在应力作用下会产生弯曲变形，O'、A'、C' 点不会在一条直线上，会产生相应的偏差 p、q，如图 3.4 所示，图中主梁偏斜后位置标为实线，主梁弯曲后位置标为虚线。

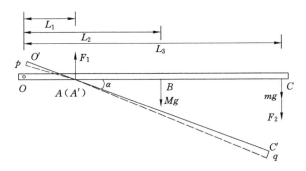

图 3.4   加荷系统误差分析

正常情况下，由砝码重力 F_2 所产生的作用力 F_1 的大小可由式(3.2)得出，而在杠杆偏移后实际的作用力关系为(假设偏移后主梁重心位置不变)：

$$F_1 = \frac{Mg \cdot \dfrac{L_3}{2} + (F_2 + mg)[L_2\cos\alpha - q\sin\alpha + L_1\cos\alpha - p\sin\alpha]}{L_1\cos\alpha - p\sin\alpha} - F^f$$

(3.6)

式中 F^f——O 点处摩擦力，N。

产生误差的因素主要包括加载砝码重力误差 ΔF_2、主梁上各尺寸误差 ΔL_1、ΔL_2、ΔL_3 和摩擦力误差 ΔF，由于试验前多次测量主梁自重和加载托盘自重，因此将自重误差忽略，则 F_1 的绝对误差 ΔF_1 可表示为：

$$\Delta F_1 = \frac{\partial F_1}{\partial L_1} \cdot \Delta L_1 + \frac{\partial F_1}{\partial L_2} \cdot \Delta L_2 + \frac{\partial F_1}{\partial L_3} \cdot \Delta L_3 + \frac{\partial F_1}{\partial p} \cdot \Delta p +$$

$$\frac{\partial F_1}{\partial q} \cdot \Delta q + \frac{\partial F_1}{\partial F_2} \cdot \Delta F_2 + \frac{\partial F_1}{\partial F} \cdot \Delta F$$

(3.7)

由式(3.6)计算可得：

$$\frac{\partial F_1}{\partial L_1} \cdot \Delta L_1 = \frac{\cos\alpha\left[\dfrac{1}{2}Mg \cdot L_3 - p\sin\alpha(F_2 + mg)\right]}{(L_1\cos\alpha - p\sin\alpha)^2} \cdot \Delta L_1$$

$$\frac{\partial F_1}{\partial L_2} \cdot \Delta L_2 = \frac{\cos\alpha(F_2 + mg)}{L_1\cos\alpha - p\sin\alpha} \cdot \Delta L_2$$

$$\frac{\partial F_1}{\partial L_3} \cdot \Delta L_3 = \frac{mg}{2(L_1\cos\alpha - p\sin\alpha)} \cdot \Delta L_3$$

$$\frac{\partial F_1}{\partial p} \cdot \Delta p = -\frac{L_1 \sin \alpha \cos \alpha (F_2 + mg)}{(L_1 \cos \alpha - p \sin \alpha)^2} \cdot \Delta p$$

$$\frac{\partial F_1}{\partial q} \cdot \Delta q = -\frac{\sin \alpha (F_2 + mg)}{L_1 \cos \alpha - p \sin \alpha} \cdot \Delta q$$

取 $\dfrac{\partial F_1}{\partial F_2}$ 和 $\dfrac{\partial F_1}{\partial F}$ 为 1,则砝码重力误差项和摩擦力误差项分别为 ΔF_2 和 ΔF。

对于蠕变试验机,由经验可知 α 一般不大于 $5°$,p 一般也小于 0.05 mm。由 $\sin \alpha = \sin 5° = 0.087$,$\cos \alpha = \cos 5° = 0.99$ 可知,$p \sin \alpha$ 项可省略,$\cos \alpha$ 项可视为 1,简化上述各项误差可得:

$$\frac{\partial F_1}{\partial L_1} \cdot \Delta L_1 = \frac{Mg \cdot L_3}{2L_1^2} \cdot \Delta L_1$$

$$\frac{\partial F_1}{\partial L_2} \cdot \Delta L_2 = \frac{F_2 + mg}{L_1} \cdot \Delta L_2$$

$$\frac{\partial F_1}{\partial L_3} \cdot \Delta L_3 = \frac{mg}{2L_1} \cdot \Delta L_3$$

$$\frac{\partial F_1}{\partial p} \cdot \Delta p = -\frac{L_1 \sin \alpha (F_2 + mg)}{L_1^2} \cdot \Delta p$$

$$\frac{\partial F_1}{\partial q} \cdot \Delta q = -\frac{\sin \alpha (F_2 + mg)}{L_1} \cdot \Delta q$$

则测量最大可能误差(极限误差)可表示为:

$$\Delta F_{1max} = \frac{\Delta L_1 L_3}{2L_1^2} \cdot Mg + \frac{\Delta L_2}{L_1} \cdot (F_2 + mg) + \frac{\Delta L_3}{2L_1} \cdot mg +$$

$$\frac{L_1 \Delta p}{L_1^2} \cdot \sin \alpha (F_2 + mg) + \frac{\Delta q}{L_1} \cdot \sin \alpha (F_2 + mg) + \Delta F_2 + \Delta F \quad (3.8)$$

利用式(3.8)进行计算,代入各参数值,其中 ΔL_1、ΔL_2、ΔL_3 取 0.1 mm,Δp 和 Δq 取 0.01 mm,F_2 取施加荷载的最大值,计算得到 $\Delta F_1 = 1.146\ 15$ N $+ \Delta F_2 + \Delta F$。

先忽略 ΔF_2 和 ΔF,优先考虑得到的 1.146 15 N。试验机设计时 F_2 最大值为 5 890.5 N,根据式(3.2)计算出 F_1 最大值为 687.6 N,则 F_1 的相对误差 $|\Delta F_1 / F_1| = 0.167\% < 1\%$,满足试验要求。此时,对于 ΔF_2 和 ΔF,其值无论多大均不会使试验机精度超过 1%。

3.3.2 试验机测试精度分析

文献[136]在研究蠕变扰动试验机过程中使用了"试验研究精度"和"测量精度"的概念。"试验研究精度"表达的是试验所得结果与真实规律之间的符合程度,符合程度越高研究精度就越高,反之越低;"测量精度"是指被测物理量的测量结果与真实状况之间的符合程度,符合程度越高精度越高,反之越低,与误差的含义相反。根据这两个概念可知,若要利用研制的蠕变扰动试验机进行研究,就必须保证试验机有足够的"测量精度"从而保证"试验研究精度"。根据试验机测量装置的"测量精度",也可分析推断出试验机的"试验研究精度"。

(1)力的测量利用测力传感器,相对误差 $\left|\dfrac{\Delta F}{F}\right| < 1\%$,应力相对误差 $\left|\dfrac{\Delta \sigma}{\sigma}\right| < 1\%$。

(2)应变测量利用应变测量采集系统,相对误差 $\left|\dfrac{\Delta \varepsilon}{\varepsilon}\right| < 0.5\%$。

(3)扰动荷载测量利用测力传感器,相对误差 $\left|\dfrac{\Delta W}{W}\right| < 0.5\%$。

(4)时间测量采用应变采集系统,相对误差 $\left|\dfrac{\Delta t}{t}\right| < 0.1\%$。

利用蠕变扰动试验机进行充填体蠕变扰动下的本构关系分析,即:

$$\varepsilon = f(\sigma, W, t) \tag{3.9}$$

式中　ε——试件应变;

　　　σ——应力,MPa;

　　　W——扰动荷载,N;

　　　t——时间,s。

在试验过程中,对 ε、σ、W、t 的测量均会产生误差,从而影响试验机的试验精度。各因素单独存在时误差分析如下:

(1)只存在 ε 的测量误差时,$\left|\dfrac{\Delta \varepsilon}{\varepsilon}\right|_{\varepsilon} < 0.5\%$;

(2)只存在 σ 的测量误差时,$\left|\dfrac{\Delta \varepsilon}{\varepsilon}\right|_{\sigma} = \left|\dfrac{\Delta \sigma}{E \varepsilon}\right| < \left|\dfrac{\Delta \sigma}{E \varepsilon^t}\right| = \left|\dfrac{\Delta \sigma}{\sigma}\right| < 1\%$,其中 E 为试件的瞬时弹性模量,ε^t 为试件的瞬时应变;

(3)只存在 W 的测量误差时,$\left|\dfrac{\Delta \varepsilon}{\varepsilon}\right|_{W} < \left|\dfrac{\Delta \varepsilon}{\varepsilon}\right| = \left|\dfrac{\partial f}{\partial W}\dfrac{\Delta W}{\varepsilon}\right| = \left|\dfrac{\Delta W}{W}\right| < 0.5\%$;

(4)只存在 t 的测量误差时,$\left|\dfrac{\Delta \varepsilon}{\varepsilon}\right|_{t} < \left|\dfrac{\Delta \varepsilon}{\varepsilon}\right| = \left|\dfrac{\partial f}{\partial t}\dfrac{\Delta t}{\varepsilon}\right| = \left|\dfrac{\Delta t}{t}\right| < 0.1\%$。

在实际试验过程中,各因素可能只存在几个,也可能全部存在,且各误差实际数值并不能直接求出，只能得出大致的范围。以各因素的测量误差均出现并以最大误差值进行分析，可得出：

$$\left|\frac{\Delta\varepsilon}{\varepsilon}\right|_{max} = \left|\frac{\Delta\varepsilon}{\varepsilon}\right|_\varepsilon + \left|\frac{\Delta\varepsilon}{\varepsilon}\right|_\sigma + \left|\frac{\Delta\varepsilon}{\varepsilon}\right|_W + \left|\frac{\Delta\varepsilon}{\varepsilon}\right|_t$$

$$=0.5\% + 1\% + 0.5\% + 0.1\%$$

$$=2.1\%$$

则试验机的测试精度 f_A 为：

$$f_A = 1 - \left|\frac{\Delta\varepsilon}{\varepsilon}\right|_{max} = 1 - 2.1\% = 97.9\%$$

满足试验要求。

3.3.3　试验机其他影响因素分析

除了上述试验机的测量误差外，试验过程中人为操作也可能产生误差，如扰动荷载产生的误差，我们需要通过规范操作方法来尽可能减少这类误差；而对于试验机设计时各部件的误差，如活动承台是否水平的问题，可在设计时充分考虑，尽量减少此类误差。

（1）扰动荷载产生的误差

扰动荷载通过释放冲击钢环进行施加。为达到预期的施加效果，在试验时需保持钢环冲击高度不变，使扰动荷载以固定的时间间隔作用到试件上。为减少施加时产生误差，试验前在竖直直管上标定清晰的释放高度线，试验时严格按照高度线释放钢环，同时使用秒表计时，以保证每次释放冲击的时间间隔一致。

（2）活动承台水平误差

试验中试件放置于承台与承压板之间承受压力，为使试件均匀受力，需保证承台平整。由于承台下部的螺纹不光滑，利用其旋转调节高度时极易造成台面倾斜。为解决此问题，设计了承台调平组件，如图 3.5所示。

承台调平组件采用双层承压板，上层底部与螺栓头部焊接，下层外围按三角形三顶点打眼穿过螺杆，底部用螺母旋转固定。在

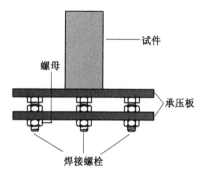

图 3.5　承台调平组件

试验中若遇到承台倾斜情况时,则可通过旋转承台调平组件下层三点的螺母对承台进行调平,以减少试件受力不均产生的试误差。

3.4　蠕变扰动试验机的多场耦合功能

粉煤灰地聚物充填体被用作充填材料充填到采空区后,在实际复杂的环境中不仅会受到应力场的作用,还有可能受到温度场、渗流场、化学场的共同作用。鉴于此,在设计蠕变扰动试验机时考虑了多场耦合功能。

(1) 渗流场

渗流场通过充填体试件浸泡在溶液中来实现。以已有试验机结构为基础改造蠕变扰动试验机,在活动承台承压板上放置一个特制方形溶液槽,向溶液槽中倒入溶液,使溶液液面淹没试件以达到浸泡效果。特制溶液槽放置位置如图 3.6 所示,溶液槽采用 304 白钢制作,其抗压、抗腐蚀性能良好。溶液槽底部为圆形槽片,可与承压板扣合以保持稳定性,溶液槽的高度小于试件高度。

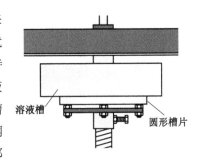

图 3.6　溶液槽放置位置

(2) 化学场

化学场通过改变溶液槽中溶液种类、浓度等加以实现。溶液槽中可加入盐溶液、酸溶液、碱溶液或它们的混合溶液,溶液于试验前配置好后倒入槽中。

(3) 温度场

温度场通过对溶液槽中的溶液加热来实现。试验时将加热装置和温度探头放入溶液槽中,利用加热装置将溶液加热至预定温度。之后再利用温度控制器控制溶液温度,当温度探头感应到溶液温度低于设定值时,控制加热装置进行自动加热,使溶液温度保持在预定值。温度控制装置放置位置如图 3.7 所示。

若对试件进行多场耦合作用试验,可按以下步骤进行:

① 试验开始时,松开固定扣,顺时针旋转活动承台使其下降,安放溶液槽;将试件竖直放置于溶液槽内部上表面和主梁的承压面之间,然后逆时针旋转活动承台使其上升,使试件上表面与主梁下表面接触。

② 通过数据传输线将试件与应变测量采集系统连接,之后在溶液槽中加入

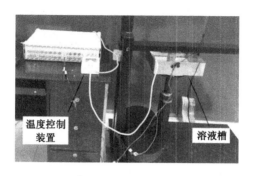

图 3.7 温度控制装置放置位置

预先配置好的溶液,并通过加热装置将溶液槽中溶液温度加热到设定值。

③ 根据测试的恒应力要求,将相应质量的砝码逐级加载于加载托盘上,利用杠杆原理传送力矩对试件施压直至达到恒应力要求,试件在恒应力、恒温度、溶液的作用下发生蠕变。

④ 以特制钢环作为扰动荷载,在直管上一定高度处释放钢环使其自由下落冲击试件,进行不同恒应力条件下的动力扰动试验。

⑤ 采集试件的应变,并绘制不同应力、不同动力扰动作用下试件的蠕变规律曲线图。

3.5 本章小结

（1）通过对蠕变扰动试验进行分析,明确了蠕变扰动试验机的设计目的与要求,利用重力杠杆加载方式设计出了符合试验需求的蠕变扰动试验机。

（2）对蠕变扰动试验机各组成部分进行了详细的介绍,给出了试验机各装置的具体使用方法,分析了试验机的设计原理。

（3）推导出了蠕变扰动试验机的试验误差和测试精度,结果表明蠕变扰动试验机的试验误差与测试精度均符合试验要求。

（4）改造后的蠕变扰动试验机可实现渗流-化学-温度-应力场多场耦合功能,可进行多场共同作用下的耦合试验。

4 粉煤灰地聚物充填体蠕变特性与蠕变扰动效应研究

4.1 引言

在评价膏体充填材料的力学特性时常以单轴抗压强度作为评价指标,然而将充填材料充填到采空区之后,其强度并不是保持不变的,而是在地应力的作用下产生了蠕变损伤,强度降低,变形增大,充填的长期效果受到了严重影响,因此采用单轴抗压强度评价充填体的力学特性不够可靠,有必要考虑充填体蠕变特性和蠕变扰动效应。因此,在制备粉煤灰地聚物充填体基础上,探索充填体的蠕变特性对于指导膏体充填开采具有重要的意义。

蠕变是流变学的研究内容之一。流变学研究应力-应变状态的规律及其随时间的变化,并根据所建立的本构规律去解决工程实际中遇到的与流变有关的问题[137]。流变学研究的重点包括模型理论、遗传流变理论、老化理论等,其中模型理论将弹性元件(H)、黏性元件(N)和塑性元件(V)3 种基本元件通过串联("—")和并联("|")方式连接起来,组成黏性、黏弹性、黏塑性、黏弹塑性等不同类型的本构模型。模型理论概念简单、表达直观,应用较为普遍。对于蠕变问题,通过建立蠕变扰动本构模型可以较为精确地描述岩土材料的蠕变过程。

模型理论中 3 种基本元件的力学模型如图 4.1 所示。其中,弹性元件(H)称为胡克体,力学模型用弹簧描述,性质遵循胡克定律 $\sigma = E\varepsilon$(式中 σ 为应力,ε 为应变,E 为弹性模量);黏性元件(N)称为牛顿体,力学模型用黏壶描述,性质遵循 $\sigma = \eta d\varepsilon/dt$(式中 η 为黏滞系数);塑性元件(V)称为圣维南体,力学模型用摩擦片描述,当应力未超过 σ_s 时性质遵循 $\varepsilon = 0$,超过 σ_s 时性质遵循 $\varepsilon = \infty$。利用 3 种基本元件进行串联或并联组合时,串联后的元件各自所受应力均相等且为模型主应力,应变相加为模型主应变;并联后的元件各自所受应力相加为模型主应力,应变均相等且为模型主应变。

通过对 3 种基本元件进行不同组合可得到不同类型的蠕变扰动本构模型,

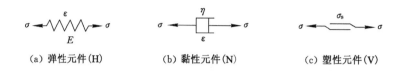

(a) 弹性元件(H)　　　　(b) 黏性元件(N)　　　　(c) 塑性元件(V)

图 4.1　基本元件力学模型

典型的蠕变扰动本构模型包括马克斯威尔体（Maxwell 体）、开尔文体（Kelvin 体）、波依丁-汤姆森体（Poytin-Thomson 体）、宾汉姆体（Bingham 体）、理想黏塑性体、Burgers 模型、西原模型（Nishihara 模型）等。这些本构模型各自有不同的特点，在实际工程中可以根据岩土材料蠕变的实际情况选择合适的本构模型，也可以建立新的自定义模型作为最优模型。

岩石的流变扰动效应最早由高延法教授提出，指的是岩石在一定应力状态下受到外部扰动荷载作用之后，产生对应蠕变变形增量的力学现象[138]。之后崔希海[139]提出了扰动荷载和扰动蠕变的概念，进行了岩石蠕变及其扰动效应试验；谭园辉[140]则利用冲击试验系统研究了含裂隙硬岩在扰动荷载下的蠕变规律。在膏体充填材料方面，还未出现蠕变扰动效应的相关研究报道。

4.2　静载作用下粉煤灰地聚物充填体蠕变特性研究

4.2.1　试验方法

将本书研发的最优配合比地聚物试件标准养护 28 d，取一组试件共 6 个（编号 A-1～A-6）进行单轴压缩试验，对单轴压缩试验得到的抗压强度取平均值，作为单轴蠕变分级加载的设定参考值。试验测得试件 A-1～A-6 的单轴抗压强度值在 1.86～2.04 MPa 之间，平均值为 1.94 MPa。试件物理参数及单轴抗压强度试验数据如表 4.1 所列。

表 4.1　试件物理参数及单轴抗压强度试验数据

试件编号	试件尺寸/mm		质量/g	密度/(g/cm³)	单轴抗压强度/MPa
	直径	高度			
A-1	50.30	99.90	410.72	2.07	1.89
A-2	49.95	101.20	408.31	2.06	1.98

表 4.1(续)

试件编号	试件尺寸/mm		质量/g	密度/(g/cm³)	单轴抗压强度/MPa
	直径	高度			
A-3	50.00	99.80	407.38	2.08	1.92
A-4	50.30	99.50	407.10	2.06	2.04
A-5	50.08	100.10	411.89	2.09	1.86
A-6	49.98	100.00	405.91	2.07	1.95

在获得试件单轴抗压强度的基础上,本书采用分级加载方式进行单轴蠕变试验,试验机采用自行研发的蠕变扰动试验机。在分级加载蠕变试验中,大多研究认为以单轴抗压强度的 75%～95% 作为第五级荷载会得到比较合理的结果,因此此次试验取 1.784 MPa 作为第五级加载应力水平。通过观察充填体的全应力-应变曲线,在曲线上尽量选择明显的等间距点作为各级应力水平加载点,因此,取 0.359 MPa、0.714 MPa、1.071 MPa、1.427 MPa 和 1.784 MPa 作为加载应力水平。以应变速率小于 0.001 mm/h 作为蠕变稳定的阈值,当轴向蠕变速率小于 0.001 mm/h 时,进入下一级加载应力水平。

应变测量系统采用 DH3817K 型动静态应变测试仪,通过在试件上贴电阻应变片的方式测试试件变形,如图 4.2 所示。运用 1/4 桥的连接方式,在第一级至第四级荷载采集应变数据时,开始 1 h 内,应变测量系统每隔 120 s 自动采集数据 1 次,采集频率为 500 Hz/s,每次采集时间为 0.5 s;1～3 h 应变测量系统每隔 300 s 自动采集数据 1 次,采集频率和采集时间与之前相同;3 h 后,应变测量系统每隔 600 s 自动采集数据 1 次,采集频率和采集时间依然不变;加到第五级荷载时,应变测量系统每隔 120 s 自动采集数据 1 次,因为试件有可能随时

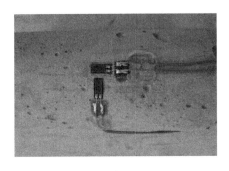

图 4.2　正交粘贴应变片

会破坏,所以要在很短时间内采集数据 1 次,按照上述的方法一直采集数据直到试件破坏。采集过程中,每隔一段时间就要导出数据,避免仪器因为数据过多而无法导出,同时也为后续数据处理做准备。

4.2.2 蠕变试验结果与分析

根据单轴蠕变试验数据,绘制了分级加载作用下不同应力水平的单轴蠕变曲线,如图 4.3 所示。

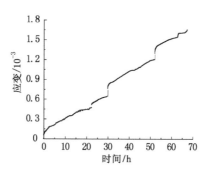

图 4.3　分级加载作用下不同应力水平的单轴蠕变曲线

将图 4.3 获得的分级加载蠕变曲线变换为分别加载蠕变曲线,如图 4.4 所示。

从图 4.3 和图 4.4 中得出,在每级荷载加载时,试件都会产生瞬时增量,在低应力水平 0.359 MPa、0.714 MPa、1.071 MPa 和 1.427 MPa 应力的作用下,出现了衰减、等速蠕变阶段。在应力水平为 0.359 MPa 和 1.071 MPa 时,蠕变时间较长,超过了 22 h,膏体充填材料的蠕变速率均低于 0.001 mm/h,说明蠕变已经比较稳定。在应力水平为 0.714 MPa 和 1.427 MPa 时,蠕变时间较短,这是由于应力水平为 0.714 MPa 和 1.427 MPa 的上一级应力水平长时间蠕变导致试件被压密,因而在应力水平为 0.714 MPa 和 1.427 MPa 时,达到蠕变稳定的时间缩短了。而在高应力水平 1.784 MPa 作用下,在短暂的等速蠕变后就出现了加速蠕变,随之试件破坏,蠕变结束。

根据分级加载单轴蠕变试验结果分析,试件只有在第五级应力水平时出现了加速蠕变,其余分级应力水平下未出现加速蠕变,取该级应力值与上一级应力值范围为长期强度范围[141],因此粉煤灰地聚物充填体的长期强度取值范围为 1.427～1.784 MPa。

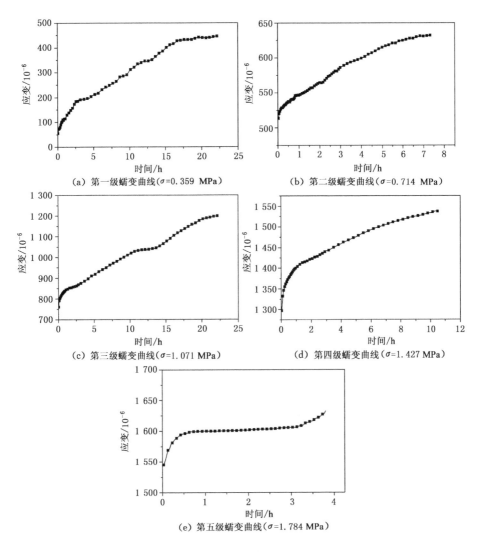

（a）第一级蠕变曲线（$\sigma=0.359$ MPa）

（b）第二级蠕变曲线（$\sigma=0.714$ MPa）

（c）第三级蠕变曲线（$\sigma=1.071$ MPa）

（d）第四级蠕变曲线（$\sigma=1.427$ MPa）

（e）第五级蠕变曲线（$\sigma=1.784$ MPa）

图 4.4　分级加载作用下分别加载蠕变曲线

4.2.3　静载作用下蠕变元件模型的建立

传统的 Burgers 模型由 Maxwell 体串联 Kelvin 体组成，其模型如图 4.5所示。蠕变方程为：

$$\varepsilon(t) = \frac{\sigma}{E_{M}} + \frac{\sigma}{\eta_{M}}t + \frac{\sigma}{E_{K}}(1 - e^{-\frac{E_{K}}{\eta_{K}}t}) \tag{4.1}$$

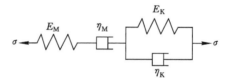

图 4.5 Burgers 模型

式中 ε——应变；

E_M，E_K——弹簧的弹性参数，GPa；

η_M，η_K——黏壶的牛顿黏性系数，GPa·h；

t——时间，h。

Burgers 模型考虑了岩土材料的黏弹性和黏性特性，可较好地描述衰减蠕变和等速蠕变过程。

在 Burgers 模型的基础上，利用文献[142]提出的方法将分数阶导数元件代替传统的 Burgers 模型 Maxwell 体和 Kelvin 体中的黏壶，可得到分数阶 Burgers 模型。对于分数阶 Burgers 模型，推导出其一维本构关系为：

$$\varepsilon(t) = \frac{\sigma}{E_M} + \frac{\sigma}{\eta_M}\frac{t^r}{\Gamma(1+r)} + \frac{\sigma}{E_K}(1 - e^{-\frac{E_K}{\eta_K}t^{1-\beta}}) \tag{4.2}$$

式中 r，β——两个分数阶元件的分数阶阶数；

$\Gamma(1+r)$——分数阶微积。

黎曼-刘维尔定义中的伽马函数表达式为：

$$\Gamma(z) = \int_0^\infty e^{-t}t^{z-1}dt \tag{4.3}$$

令 $H = \eta_M\Gamma(1+r)$，则：

$$\varepsilon(t) = \frac{\sigma}{E_M} + \frac{\sigma}{Ht^{1-r}}t + \frac{\sigma}{E_K}(1 - e^{-\frac{E_K}{\eta_K t^\beta}t}) \tag{4.4}$$

对比传统 Burgers 模型与分数阶 Burgers 模型的本构关系可知，传统 Burgers 模型中两个黏壶的黏滞系数是定值，而分数阶 Burgers 模型中两个黏壶的黏滞系数均随时间变化呈指数形式变化，其中 Kelvin 体中黏壶的黏滞系数按照 $\eta'_K = \eta_K t^\beta$ 形式变化，Maxwell 体中黏壶的黏滞系数按照 $\eta'_M = Ht^{1-r}$ 形式变化。

单分数阶的 Burgers 模型仍然无法反映膏体充填材料蠕变的加速蠕变阶段，因此我们在分数阶 Burgers 模型上串联一个应变触发的非线性黏壶来表征其加速蠕变阶段，改进的分数阶 Burgers 模型如图 4.6 所示。

应变触发的非线性黏壶在应变小于 ε_a（开始进入加速蠕变时刻对应的应变

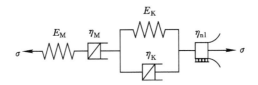

图 4.6　改进的分数阶 Burgers 模型

值)时为刚体,不发挥作用;应变大于 ε_a 时,该非线性黏壶触发,黏壶的一维本构关系为[143]:

$$
\left.
\begin{aligned}
\sigma &= \eta_{nl}\ddot{\varepsilon}_{nl}\ (\varepsilon \geqslant \varepsilon_a) \\
\varepsilon_{nl} &= 0(\varepsilon < \varepsilon_a)
\end{aligned}
\right\}
\tag{4.5}
$$

式中　η_{nl}——非线性黏壶的黏滞系数,GPa·h^2;

　　　ε_{nl}——非线性黏壶的应变;

　　　ε_a——非线性黏壶触发的应变临界值。

引入应变触发非线性黏壶的分数阶 Burgers 模型在进入加速蠕变阶段后的一维蠕变方程:

$$
\varepsilon(t) = \frac{\sigma}{E_M} + \frac{\sigma}{H}t^{1-r} + \frac{\sigma}{E_K}\left(1 - e^{-\frac{E_K}{\eta_K\beta^t}t}\right) + \frac{\sigma}{2\eta_{nl}}\tau^2
\tag{4.6}
$$

式中　τ——蠕变总时间与进入加速蠕变时间的差值,h。

结合式(4.4)和式(4.6)可以得到粉煤灰地聚物膏体充填材料的蠕变方程为:

$$
\varepsilon(t) =
\begin{cases}
\dfrac{\sigma}{E_M} + \dfrac{\sigma}{H}t^{1-r} + \dfrac{\sigma}{E_K}\left(1 - e^{-\frac{E_K}{\eta_K\beta^t}t}\right), & \varepsilon < \varepsilon_a \\[3mm]
\dfrac{\sigma}{E_M} + \dfrac{\sigma}{H}t^{1-r} + \dfrac{\sigma}{E_K}\left(1 - e^{-\frac{E_K}{\eta_K\beta^t}t}\right) + \dfrac{\sigma}{2\eta_{nl}}\tau^2, & \varepsilon \geqslant \varepsilon_a
\end{cases}
\tag{4.7}
$$

拟合可得蠕变参数如表 4.2 所列,将模型计算出的拟合蠕变曲线与试验蠕变曲线结合绘制得到图 4.7,可以看出,本书创建的本构模型拟合曲线与试验曲线比较吻合,能够反映充填体的蠕变特性,验证了本构模型的合理性。

表 4.2　蠕变参数

应力 /MPa	E_M /GPa	H /(GPa·h)	E_K /GPa	r	β	η_K /(GPa·h)	η_{nl} /(GPa·h^2)	相关系数
0.359	9.013	6.939	14.268	0.665	0.123	5.177	—	0.993
0.714	1.897	24.471	5.036	0.730	0.359	0.194	—	0.997

表 4.2(续)

应力/MPa	E_M/GPa	H/(GPa·h)	E_K/GPa	r	β	η_K/(GPa·h)	η_{nl}/(GPa·h²)	相关系数
1.071	2.798	51.300	2.443	0.941	0.778	0.593	—	0.998
1.427	1.794	35.230	2.513	0.629	0.772	0.563	—	0.998
1.784	2.653	3.321	5.473	0.105	0.001	0.290	172.743	0.997

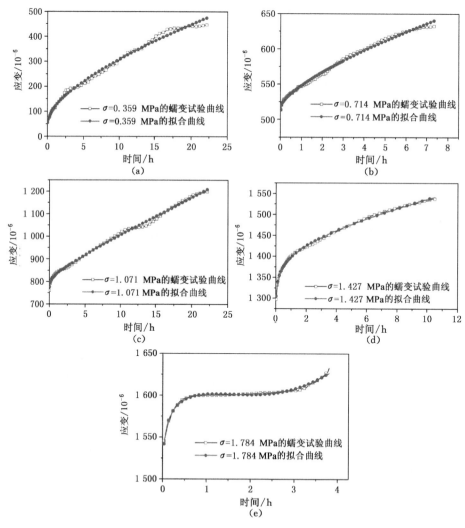

图 4.7　蠕变试验曲线与本构模型拟合曲线对比

4.2.4 基于 LM 神经网络算法的蠕变数学模型

通过元件模型拟合多因素作用的试验蠕变曲线时,会出现拟合精度较差的问题,建立多因素作用时的统一蠕变模型是比较困难的。近年来,采用人工神经网络算法拟合蠕变试验曲线比较常见,在实际研究中发现,人工神经网络算法拟合蠕变试验曲线能力较强,拟合能更精确逼近试验数据,预测能力也比较高。BP(Back Propagation)神经网络算法在理论上具有逼近任意非线性连续映射的能力,在非线性系统的建模及控制领域有着广泛的应用。然而 BP 算法存在一些不足,主要是收敛速度很慢,往往收敛于局部极小点,数值稳定性差,学习率、动量项系数和初始权值等参数难以调整,非线性神经网络学习算法 LM(Levenberg-Marquardt)可以有效地克服 BP 算法存在的这些缺陷。

通过图 4.3 可以看出,第一级至第四级蠕变为稳定蠕变,只有衰减蠕变阶段和等速蠕变阶段,而第五级蠕变为不稳定蠕变,出现了加速蠕变。因此可用分段函数来表示,即第一级至第四级蠕变为上半段函数,第五级蠕变为下半段函数,利用 LM 神经网络算法来拟合蠕变数据,建立数学模型。

拟合公式为:

$$\varepsilon(t) = \begin{cases} p_1 + p_2 t^{0.5} + p_3 t + p_4 t^{1.5} + p_5 t^2 + p_6 t^{2.5}, t \leqslant t_0 \\ p_1 + p_2 t^{0.5} + p_3 t + p_4 t^{1.5} + p_5 t^2 + p_6 t^{2.5} + p_7 t^3, t > t_0 \end{cases} \tag{4.8}$$

式中　$\varepsilon(t)$ ——充填体的应变;

t ——时间,h;

t_0 ——第四级蠕变与第五级蠕变的分界时间,h;

$p_1, p_2, p_3, p_4, p_5, p_6, p_7$ ——与充填体蠕变有关的系数。

通过试验数据和公式(4.8)可以得出拟合值和实际试验数据之间的关系,拟合参数如表 4.3 所列,同时绘制试验数据曲线与数学模型拟合曲线的对比图,如图 4.8 所示。

表 4.3　拟合参数

应力/MPa	p_1	p_2	p_3	p_4	p_5	p_6	p_7	相关系数
0.359	54.275 6	−9.550 4	144.477 4	−92.305 8	24.789 4	−2.301 2	—	0.999 1
0.714	496.203 8	125.417 1	−165.993 3	124.204 0	−37.458 1	3.857 8	—	0.999 5
1.071	736.604 2	201.349 3	−171.505 0	86.644 9	−18.608 8	1.486 1	—	0.998 2

表 4.3(续)

应力 /MPa	p_1	p_2	p_3	p_4	p_5	p_6	p_7	相关 系数
1.427	1 250.340 5	326.462 6	−294.327 9	147.460 0	−33.415 7	2.758 8	—	0.999 7
1.784	1 548.991 6	−190.914 9	1 306.734 0	−2 413.350 7	2 056.830 9	−843.647 6	135.086 0	0.999 2

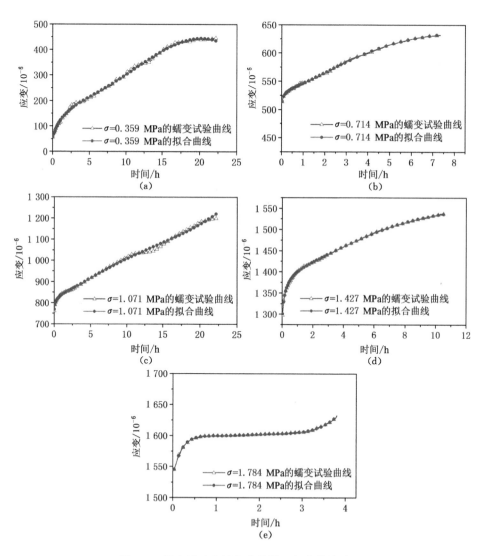

图 4.8 蠕变试验曲线与数学模型拟合曲线对比

从图 4.8 可以看出试验测试数据曲线与拟合曲线较为接近,从表 4.3 可以看出,拟合得到的相关系数均较高,说明建立的数学模型能够较好地反映在应力作用下应变与时间的变化规律。

4.3　粉煤灰地聚物充填体蠕变扰动效应研究

4.3.1　粉煤灰地聚物充填体蠕变扰动效应试验方法

取同一批次制备的粉煤灰地聚物充填体试件 15 个,用其中 3 个进行单轴压缩试验,测得试件的单轴抗压强度分别为 1.84 MPa、1.98 MPa、2.09 MPa。以强度为 1.98 MPa 的试件为准,按文献[144]的试验方法在其全应力-应变曲线上选取 4 个标志点 A、B、C、D 作为蠕变扰动试验加载的不同应力水平,如图 4.9 所示。

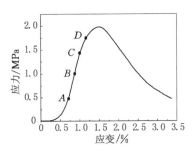

图 4.9　试件全应力-应变曲线

选取的 4 个标志点中,点 A 对应应力为 0.48 MPa,为单轴抗压强度的 24.2%,大致位于曲线直线部分的起点位置;点 B 对应应力为 0.96 MPa,为单轴抗压强度的 48.5%,位于曲线直线部分的中点位置;点 C 对应应力为 1.44 MPa,为单轴抗压强度的 72.7%,位于曲线直线部分的末端点;点 D 对应应力为 1.65 MPa,为单轴抗压强度的 83.3%,位于曲线弯曲处。在 4 个标志点对应的应力下,保持冲击钢环质量 250 g 不变,通过调整释放钢环的高度来施加不同大小的扰动荷载。

将剩余的 12 个试件分为 4 组,每组 3 个,进行蠕变扰动试验。采用分级加载方式,对每组试件逐级施加 A、B、C、D 点对应应力,不同组的扰动冲击高度分别设定为 10 cm、15 cm、20 cm 和 25 cm,每级应力下均扰动冲击 20 次。

以 $1^\#$ 组试件为例,首先将应力加载至 A 点应力水平,当试件的蠕变速率低于 0.001 mm/h 时可认为蠕变达到稳定,此时对试件进行扰动冲击,冲击高度为 10 cm,每间隔 10 s 冲击 1 次,共冲击 20 次。扰动冲击完成后观察试件蠕变速率,当蠕变速率低于 0.001 mm/h 时施加应力至 B 点应力水平,稳定后进行扰动冲击,扰动条件与 A 点相同;待稳定后施加应力到 C 点,然后进行扰动冲击,再次稳定后施加应力到 D 点,再进行扰动冲击。按此方法对试件循环进行加载、扰动冲击、加载、扰动冲击,直至试件破坏。$2^\# \sim 4^\#$ 组与 $1^\#$ 组之间除扰动冲击高度不同外其余加载条件均相同,具体的加载方案如表 4.4 所列。

表 4.4 试件加载方案

组别	扰动加载高度/cm	轴向应力/MPa	单轴抗压强度百分比及在全应力-应变曲线位置	扰动次数
$1^\#$	10	0.48	24.2%(A 点)	
$2^\#$	15	0.96	48.5%(B 点)	所有应力水平下
$3^\#$	20	1.44	72.7%(C 点)	均为 20 次
$4^\#$	25	1.65	83.3%(D 点)	

根据蠕变扰动试验机原理,实测 L_1 为 0.300 m、L_2 为 0.975 m、L_3 为 1.700 m、M 为 10.06 kg、m 为 1.35 kg,根据公式可计算出对试件施加不同轴向应力时所需要的砝码质量值,计算结果如表 4.5 所列。

表 4.5 试件轴向应力与施加砝码质量对应关系

试件轴向应力/MPa	0.48	0.96	1.44	1.65
施加砝码质量/kg	8.42	23.20	38.00	44.48

试验前在试件中部选定光滑位置处,以相对面为一组粘贴轴向电阻应变片。连接应变片、导线,使试件与应变采集测量装置相连,按照表 4.5 中所列砝码质量值在加载托盘处放置足够质量的砝码,开始试验。蠕变试验中未施加扰动时每 1 h 记录一次应变数据,进入加速蠕变时每 10 min 记录一次数据,施加动力扰动时每 1 s 记录一次数据,连续记录 200 s。将记录下的数据进行整理,绘制成相应图表。

4.3.2　粉煤灰地聚物充填体蠕变扰动试验结果

　　根据试验所测数据，1$^\#$～4$^\#$每组中的 3 块试件的蠕变扰动试验结果呈现相似的规律，从每组中选取应变数值处于中间值的试件，绘制充填体试件在 10 cm、15 cm、20 cm、25 cm 高度扰动作用下的蠕变曲线，如图 4.10 所示。

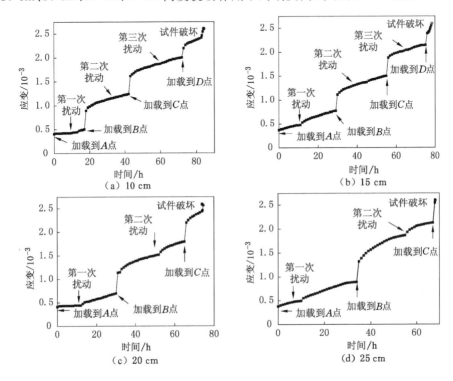

图 4.10　不同扰动高度下试件蠕变曲线

　　根据图 4.10 可知，充填体试件在扰动高度为 10 cm 时加载到 D 点应力（1.65 MPa）后 12 h 破坏，未能进行第 4 次扰动荷载冲击，蠕变总时间为 83 h，破坏应变为 2.543×10^{-3}。充填体试件在扰动高度为 15 cm 时加载到 D 点应力后 3 h 破坏，未能进行第 4 次扰动荷载冲击，蠕变总时间为 78 h，破坏应变为 2.556×10^{-3}。充填体试件在扰动高度为 20 cm 时加载到 C 点应力（1.44 MPa）后 11 h 破坏，未能进行第 3 次扰动荷载冲击，蠕变总时间为 73 h，破坏应变为 2.564×10^{-3}。充填体试件在扰动高度为 25 cm 时加载到 C 点应力后 2 h 破坏，未能进行第 3 次扰动荷载冲击，蠕变总时间为 68 h，破坏应变为 2.548×10^{-3}。

各试件的蠕变时长和破坏应变对比如图4.11所示。

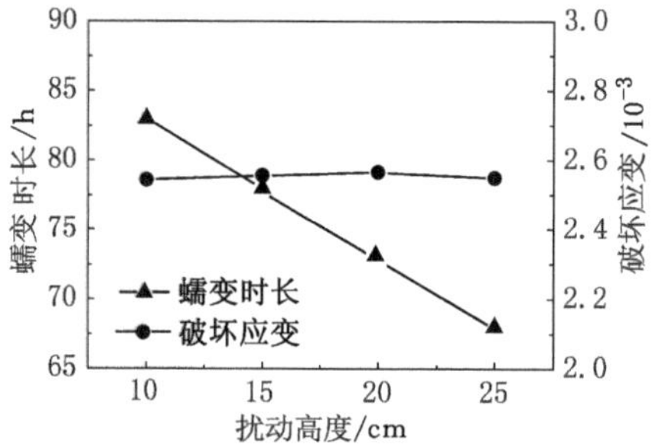

图4.11　不同扰动高度下试件蠕变时长和破坏应变对比

由图4.11可知,不同扰动高度的充填体试件破坏应变基本一致,在应变达到 2.5×10^{-3} 左右时发生破坏,说明试件破坏是由应变触发的。各试件的蠕变总时长随扰动高度递减,扰动高度越大,试件蠕变时长越小,说明扰动作用对充填体试件的蠕变过程产生了显著影响。

根据流变力学理论可知,典型蠕变曲线分为衰减蠕变、等速蠕变和加速蠕变3个阶段。衰减蠕变的应变速率随时间延长逐渐减小,等速蠕变应变速率随时间延长保持恒定,加速蠕变应变速率随时间延长迅速增大直至材料破坏。蠕变按照发展情况分为稳定蠕变和非稳定蠕变,稳定蠕变包括衰减蠕变、等速蠕变2个阶段,非稳定蠕变包括衰减蠕变、等速蠕变、加速蠕变3个阶段。在较大的应力下稳定蠕变会向非稳定蠕变转变,通常将材料蠕变状态转变时的应力临界值称为材料的长期强度。根据图4.10可知不同扰动高度下的试件在 A 点和 B 点应力下均为稳定蠕变状态,而在 C 点和 D 点应力下蠕变状态与扰动高度有关;扰动高度为10 cm和15 cm的试件在加载到 D 点应力后蠕变状态由稳定蠕变向非稳定蠕变转变,扰动高度为20 cm和25 cm的试件则在加载到 C 点应力后蠕变状态即转变为非稳定蠕变。由此可知,动力扰动作用对试件长期强度和蠕变状态均产生影响,且影响大小与扰动高度紧密相关。

4.3.3　粉煤灰地聚物充填体蠕变扰动试验规律分析

根据试件扰动过程中记录的数据,绘制了 A、B、C 点应力下不同扰动高度的扰动次数与累积应变关系曲线,如图4.12所示。其中,累积应变是指扰动冲击后试件实际应变值与扰动开始时刻试件应变值的差值,即以扰动开始时刻的试件应变值为基准,将扰动作用造成的试件应变增量记为累积应变。由于扰动的施加是在充填体蠕变稳定后进行的且作用时间较短,因此可认为试件的累积应变均由扰动作用产生,而不包括蠕变产生的应变增量。图 4.13 为不同应力下不同扰动高度产生的扰动累积应变值比较。

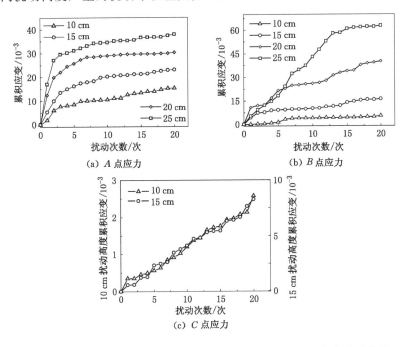

（a）A 点应力　　　　　　　（b）B 点应力

（c）C 点应力

图 4.12　A、B、C 点应力下不同扰动高度的扰动次数与累积应变关系曲线

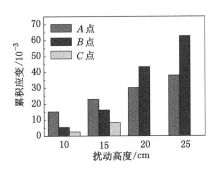

图 4.13　不同应力下不同扰动高度产生的扰动累积应变值比较

由图 4.12 和图 4.13 可知,不同应力水平下不同高度的扰动对充填体试件的影响不同。扰动高度较小(10 cm 和 15 cm)时,扰动造成的累积应变值随应力的增加而减小,呈现出冲击硬化的现象;扰动高度较大(20 cm 和 25 cm)时,

扰动造成的累积应变值随应力的增加而增大,呈现出冲击软化的现象。相同的应力水平下,扰动高度越高,累积应变值越大。

结合图 4.12 和图 4.13 对各点应力下应变变化情况进行进一步具体分析。

(1) A 点应力(0.48 MPa)作用下

由图 4.12(a)可看出,A 点应力下试件的累积应变随扰动次数的增加而增大,但变形速率逐渐衰减,累积应变值最后趋于稳定,其中 10 cm 扰动高度下产生的累积应变值最小,15 cm、20 cm、25 cm 扰动高度下产生的累积应变值依次增大。动力扰动能量传入充填体后部分以弹性波的形式振动耗散,剩下的冲击能量使充填体内部的裂隙、孔隙闭合,产生压密作用。

(2) B 点应力(0.96 MPa)作用下

B 点应力下试件的累积应变随扰动次数的变化情况与扰动高度有关,10 cm、15 cm 高度扰动与 20 cm、25 cm 高度扰动作用下的变形规律完全不同。10 cm 和 15 cm 高度扰动荷载冲击产生的累积应变值小于 A 点应力下的累积应变值;而 20 cm 和 25 cm 高度扰动荷载冲击产生的累积应变值相比 A 点应力下的累积应变值呈现出较大的增长幅度。在此阶段,充填体结构内部软化和硬化达到了动态平衡,10 cm 和 15 cm 高度的扰动冲击不能打破这种平衡,且充填体经过了长时间蠕变及扰动冲击后内部结构不断密实,应变变化值呈递减趋势符合规律;20 cm 和 25 cm 高度的扰动冲击则不同,较大的扰动冲击能量强化了软化作用,使软化强于硬化占据主导地位,扰动冲击使蠕变稳定状态发生变化,产生的累积应变值更大。

(3) C 点应力(1.44 MPa)作用下

20 cm 和 25 cm 扰动高度下的试件在 B 点受到了较大的动力扰动,在加载到 C 点应力后未进行扰动即发生破坏,这是由于在扰动高度较高、扰动能量较大时充填体发生了冲击软化,充填体内部出现了损伤,长期强度下降,加载到 1.44 MPa 应力水平后进入了加速蠕变阶段直至破坏。

10 cm 和 15 cm 高度扰动下试件的累积应变随扰动次数的增加不断增加,但变形速率逐渐降低,变形趋于稳定。此时,充填体内部裂隙接近完全闭合,密实程度达到最大,较小的扰动能量仍不能影响充填体稳定状态,应变变化数值很小,15 cm 高度扰动冲击能量大于 10 cm 高度扰动冲击能量,故最后的累积应变值相对更大。

(4) 不同扰动高度对充填体长期强度的影响

扰动高度为 10 cm 和 15 cm 的试件加载到 D 点应力(1.65 MPa)时,未达到蠕变稳定状态即发生破坏,因此本次试验无法对 D 点应力下充填体扰动应变变化规律进行分析。比较不同扰动高度的试件破坏情况可知,在 20 cm 和 25 cm 扰动高度下试件仅加载到 C 点应力水平即破坏,说明了扰动作用减小了充填体的长期强度。充填体在仅有蠕变作用时可以承受 D 点应力水平甚至更高的应力水平,但施加 20 cm 和 25 cm 高度扰动载荷后在 C 点就发生了破坏,且 25 cm 高度扰动对充填体长期强度影响比 20 cm 高度扰动更为明显。若改变试验条件对充填体施加 25 cm 高度扰动以上的扰动作用,则充填体可能会在 B 点应力水平即发生破坏。由于试验采取的是分级加载方式,长期荷载作用对充填体的受力状态会造成一定的影响,但试件破坏是由应变触发的,较高的应力水平下充填体应变变化速率更大,达到破坏应变的时间更短,因此扰动作用下充填体长期强度的变化本质上仍是应变变化,在具体分析中需要以应变值作为充填体状态的判定依据。

4.3.4　粉煤灰地聚物充填体蠕变扰动本构模型

通过对试验所得蠕变曲线分析可知,充填体材料在每级荷载施加后出现瞬时变形,表现出弹性性质;之后应变随时间逐渐增大,而蠕变速率逐渐衰减到某一常数值,表现出黏性性质。结合弹性和黏性性质,选取 Burgers 模型作为充填体材料的基础模型。

Burgers 模型考虑了岩土材料的黏弹性和黏性特性,可较好地描述衰减蠕变和等速蠕变过程。在 Burgers 模型的基础上,将分数阶导数元件代替传统的 Burgers 模型中 Maxwell 体和 Kelvin 体中的黏壶,得到分数阶 Burgers 模型。同时,为了描述充填体的蠕变扰动效应和高应力下的加速蠕变过程,在分数阶 Burgers 模型中串联一个带应变触发的非线性黏壶和一个扰动元件,构建了充填体的蠕变扰动本构模型,如图 4.14 所示。

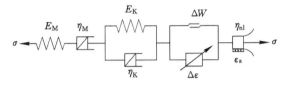

图 4.14　改进的含扰动元件的分数阶 Burgers 模型

扰动元件只在充填体受到动力扰动作用时被触发,在不发生扰动时无作用,此时退化为静载作用下的蠕变扰动本构模型。扰动元件被触发后会使充填体产生相应的应变增量,且应变增量大小与充填体所受应力水平和扰动作用的能量大小有关。

蠕变扰动效应中,蠕变应变与扰动次数的本构关系可表示为:

$$\Delta\varepsilon = \frac{\Delta W \Delta\sigma_1}{\delta}F(N) \tag{4.9}$$

式中　$\Delta\varepsilon$——扰动蠕变过程中应变增量;

　　　ΔW——扰动荷载能量,J;

　　　$\Delta\sigma_1$——应力强度极限左邻域宽度,MPa,取 0.5 MPa;

　　　N——扰动次数;

　　　δ——应力与强度极限的差值,$\delta = \sigma_{max} - \sigma$,MPa。

试验中不同应力水平对应的应力差值 δ 如表 4.6 所列。

表 4.6　不同应力水平对应的应力差值

应力水平	A 点应力	B 点应力	C 点应力
应力差值 δ/MPa	1.50	1.02	0.54

在忽略能耗的条件下,扰动钢环的重力势能完全转化为对试件的能量,ΔW 按下式计算:

$$\Delta W = m'gh \tag{4.10}$$

式中　m'——扰动钢环质量,kg;

　　　h——下落高度,m。

计算得到试验中不同高度扰动的冲击能量,如表 4.7 所示。

表 4.7　不同扰动高度下扰动冲击能量

扰动高度/cm	10	15	20	25
扰动冲击能量 ΔW/J	0.245	0.368	0.490	0.613

根据不同应力水平下扰动次数 N 与累积应变值 ε 之间的变化关系,反演得到在不同应力水平下函数关系 $F(N)$ 为:

$$F(N) = \frac{PN}{1 + QN} \tag{4.11}$$

$$F(N) = A + BN + Ce^{-N} \tag{4.12}$$

式中　P,Q,A,B,C——蠕变扰动系数。

将式(4.11)、式(4.12)代入式(4.9)中得：

$$\Delta\varepsilon = \frac{\Delta W \Delta\sigma_1}{\delta} \frac{PN}{1+QN} \tag{4.13}$$

$$\Delta\varepsilon = \frac{\Delta W \Delta\sigma_1}{\delta}(A + BN + Ce^{-N}) \tag{4.14}$$

试验过程中，扰动荷载的施加是按照固定时间间隔 $\Delta t = 10$ s 施加的，则扰动作用的总时间 T（单位为 h）与扰动次数 N 的关系为 $N = \frac{T}{\Delta t} = \frac{T}{10/3\ 600} = 360T$。

综上，蠕变扰动过程中的应变变化值可表示为：

$$\Delta\varepsilon = \begin{cases} \dfrac{\Delta W \Delta\sigma_1}{\delta} \dfrac{360PT}{1+360QT}, \sigma < \sigma_c \\[4mm] \dfrac{\Delta W \Delta\sigma_1}{\delta}(A + 360BT + Ce^{-360T}), \sigma \geq \sigma_c \end{cases} \tag{4.15}$$

式中　σ_c——高低应力临界值，MPa。

结合分数阶 Burgers 模型蠕变方程及蠕变扰动效应引起的应变变化量表达式，可得到充填体蠕变扰动本构方程为：

$$\varepsilon = \begin{cases} \dfrac{\sigma}{E_M} + \dfrac{\sigma}{H}t^r + \dfrac{\sigma}{E_K}(1-e^{-\frac{E_K}{\eta_K}t^{1-\beta}}) + \dfrac{\Delta W \Delta\sigma_1}{\delta} \dfrac{360PT}{1+360QT}, \sigma < \sigma_c, \varepsilon < \varepsilon_a \\[4mm] \dfrac{\sigma}{E_M} + \dfrac{\sigma}{H}t^r + \dfrac{\sigma}{E_K}(1-e^{-\frac{E_K}{\eta_K}t^{1-\beta}}) + \dfrac{\Delta W \Delta\sigma_1}{\delta}(A + 360BT + Ce^{-360T}), \sigma \geq \sigma_c, \varepsilon < \varepsilon_a \\[4mm] \dfrac{\sigma}{E_M} + \dfrac{\sigma}{H}t^r + \dfrac{\sigma}{E_K}(1-e^{-\frac{E_K}{\eta_K}t^{1-\beta}}) + \dfrac{\Delta W \Delta\sigma_1}{\delta}(A + 360BT + Ce^{-360T}) + \dfrac{\sigma}{2\eta_{nl}}\tau^2, \sigma \geq \sigma_c, \varepsilon \geq \varepsilon_a \end{cases} \tag{4.16}$$

在蠕变扰动本构方程中，σ_c 和 ε_a 两个参数分别表示高低应力的临界值和非线性黏壶触发的应变临界值，它们共同决定了方程的具体形式和变化情况。由于这两个参数在方程中的作用至关重要，同时也是确定其他参数的基础，因此在确定本构模型的其他参数之前需要先确定它们的具体数值。

对于 σ_c，蠕变扰动本构模型中 σ_c 决定了 $F(N)$ 的具体函数形式。当试件所受应力 σ 大于或小于 σ_c 时，$F(N)$ 为不同的函数形式，从而决定了扰动蠕变过程中应变增量 $\Delta\varepsilon$ 的大小。在 A 点应力下，$F(N)$ 为式(4.11)的形式，B、C 点应力下为式(4.12)的形式，由此可知 σ_c 的大小在 A 点应力与 B 点应力之间，即在 0.48 MPa 和 0.96 MPa 之间，通过进一步试验得出 σ_c 的值为 0.62 MPa。

对于 ε_a，ε_a 决定了非线性黏壶是否发挥作用，通过对蠕变扰动的试验数据进行分析，确定 ε_a 值为 2.4×10^{-3}。

结合试验数据,对蠕变扰动本构方程(4.16)中除应力、应变临界值之外的其他未知参数进行拟合,利用 Matlab 软件得出拟合结果如表 4.8 和表 4.9 所列。

表 4.8 参数拟合结果

扰动高度/cm	应力/MPa	扰动状态	E_M/GPa	H/(GPa·h)	r	E_K/GPa	η_K/(GPa·h)	β	η_{nl}/(GPa·h²)	相关系数
10	0.48	扰动前	1.185	224.448	1.000	91.535	31.703	0.491	—	0.905
		扰动后	1.142	25.639	0.500	38.167	36.595	1.000	—	0.999
	0.96	扰动前	1.216	31.344	0.603	4.700	30.385	0.017	—	0.985
		扰动后	1.258	57.653	0.802	1.502	40.337	0.568	—	0.982
	1.44	扰动前	1.174	14.614	0.511	1.930	45.986	0.002	—	0.982
		扰动后	1.162	8.105	0.474	1.634	54.006	0.162	—	0.987
	1.65	稳定蠕变	1.203	41.227	0.847	2.929	43.330	0.294	—	0.959
		加速蠕变	1.227	8.363	0.474	4.860	33.305	0.063	24.369	0.995
15	0.48	扰动前	1.291	167.729	0.999	32.864	38.363	0.003	—	0.998
		扰动后	1.215	59.871	0.999	1.167	40.176	0.001	—	0.995
	0.96	扰动前	1.196	36.012	0.738	4.079	43.015	0.009	—	0.982
		扰动后	1.165	10.884	0.593	1.136	38.181	0.426	—	0.998
	1.44	扰动前	1.244	12.404	0.586	3.521	40.146	0.169	—	0.977
		扰动后	1.237	7.190	0.460	2.349	32.841	0.671	—	0.983
	1.65	加速蠕变	1.268	2.534	0.225	4.123	38.644	0.564	82.606	0.991
20	0.48	扰动前	1.160	54.681	0.009	22.928	69.966	0.420	—	0.980
		扰动后	1.131	56.380	1.000	1.743	71.115	0.834	—	0.998
	0.96	扰动前	1.116	21.382	0.727	2.142	81.572	0.001	—	0.974
		扰动后	1.158	34.762	0.852	1.456	88.040	0.003	—	0.981
	1.44	稳定蠕变	1.235	52.431	1.000	1.264	82.013	0.756	—	0.984
		加速蠕变	1.247	11.298	0.607	7.349	78.002	0.529	20.717	0.992
25	0.48	扰动前	1.269	24.701	0.661	13.026	74.950	0.013	—	0.998
		扰动后	1.254	35.124	0.994	3.320	107.903	0.012	—	0.996
	0.96	扰动前	1.237	25.908	0.899	4.026	111.445	0.003	—	0.973
		扰动后	1.249	9.231	0.646	2.874	86.011	0.096	—	0.963
	1.44	加速蠕变	1.211	14.479	0.731	4.674	98.006	0.728	20.998	0.999

表 4.9　不同扰动高度下扰动系数拟合结果

扰动情况	P	Q	A	B	C	相关系数
A 点 10 cm	3.88×10^{-5}	0.171	—	—	—	0.981 2
A 点 15 cm	6.79×10^{-5}	0.318	—	—	—	0.997 7
A 点 20 cm	1.47×10^{-4}	0.735	—	—	—	0.997 3
B 点 10 cm	—	—	7.36×10^{-6}	1.98×10^{-6}	-1.07×10^{-5}	0.917 9
B 点 15 cm	—	—	3.46×10^{-5}	2.69×10^{-6}	-3.38×10^{-5}	0.983 3
B 点 20 cm	—	—	5.19×10^{-5}	5.95×10^{-6}	-5.13×10^{-5}	0.991 0
B 点 25 cm	—	—	2.20×10^{-5}	1.10×10^{-5}	-2.64×10^{-5}	0.975 8
C 点 10 cm	—	—	2.26×10^{-7}	5.11×10^{-7}	1.06×10^{-7}	0.992 8
C 点 15 cm	—	—	1.79×10^{-21}	9.23×10^{-7}	2.39×10^{-7}	0.942 1

　　将得到的拟合结果代入本构方程中进行计算,根据计算数据与试验所测数据,绘制出模型拟合结果与试验结果的对比图,如图 4.15 所示,可看出两者的吻合度较高,蠕变扰动本构方程能很好地表示出动力扰动作用下充填体的蠕变过程。

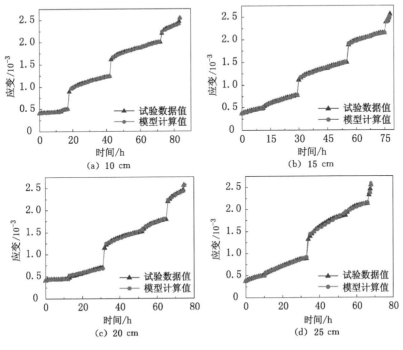

图 4.15　模型拟合结果与试验结果对比

4.4 本章小结

（1）通过分级加载方式进行了粉煤灰地聚物膏体充填材料的蠕变试验,获得了粉煤灰地聚物充填体的蠕变变形规律与长期强度范围。

（2）把分数阶 Burgers 模型与应变触发的非线性黏壶串联,建立了膏体充填材料蠕变扰动本构模型,通过拟合确定了模型参数,采用该模型计算的结果与试验结果较为吻合,验证了模型的正确性。

（3）在蠕变试验数据的基础上,通过 LM 神经网络算法进行数学模型的拟合,建立了膏体充填材料在单轴蠕变作用下的数学模型,数学模型拟合值与蠕变试验数据吻合度较高。

（4）对充填体试件进行了蠕变扰动试验,试验结果表明充填体试件的破坏是应变触发的,动力扰动作用对充填体的蠕变过程影响显著。连续的扰动冲击打破了充填体的蠕变稳定状态,加快了试件的蠕变进程,缩短了试件达到破坏应变的时间。

（5）充填体试件在不同高度扰动的作用下呈现出不同的变形规律。在低扰动能量作用下,充填体试件产生的扰动变形量与静载应力水平呈负相关,呈现出冲击硬化的特征;在高扰动能量作用下,充填体试件产生的扰动变形量与静载应力水平呈正相关,呈现出冲击软化的特征。

（6）引入了一种扰动元件,将该元件与改进的分数阶 Burgers 模型及应变触发的非线性黏壶串联,建立了充填体试件的蠕变扰动本构模型。

5 粉煤灰地聚物充填体蠕变本构模型二次开发

5.1 引言

FLAC 是一款连续介质力学分析软件,由美国 ITASCA 公司研发,是该公司具有代表性的软件之一。FLAC 有二维和三维两个版本,其中三维版本 FLAC[3D] 是一种基于三维显示有限差分的数值分析方法,这种算法可以准确地模拟岩土材料的屈服、塑性流动、软化以及大变形,尤其在材料的弹塑性分析、大变形分析以及模拟施工过程等领域有独到的优势[145]。FLAC[3D] 已成为当前岩土工程计算中重要的数值计算方法之一。

FLAC[3D] 提供多个本构模型,包括 1 个开挖模型、3 个弹性模型、6 个弹塑性模型以及各个专业模块中的本构模型。专业模块包含静力模块、动力模块、蠕变模块、渗流模块和温度模块,其中蠕变模块重点解决岩土体蠕变问题,可描述岩土体蠕变变形特征[146]。FLAC[3D] 蠕变模块中内置了 8 款常用蠕变模型,这些模型均有其特定的使用范围和局限性,对于一些实际工程中的材料并不完全适用。鉴于此,FLAC[3D] 为用户提供了方便的二次开发平台,用户在 VC++环境下可以实现自定义本构模型的二次开发,以满足岩土工程领域的计算需求。通过 FLAC[3D] 提供自定义本构模型二次开发平台,用户可以使用 C++语言开发特定本构模型,编译成动态链接库 dll 文件并通过 FLAC[3D] 接口进行调用。

近年来,随着对二次开发研究的不断深入,很多研究人员利用 FLAC[3D] 的自定义模型模块和 Fish 语言实现了自定义蠕变模型的编写与开发,使 FLAC[3D] 的使用范围更加广泛。Wang 等[147]利用改进的 Duncan-Chang 模型(邓肯-张模型)描述了干湿循环作用下砂岩的应力应变特征,并利用 FLAC[3D] 对该模型进行了二次开发;Jiang 等[148]采用拉格朗日有限差分法推导了硬化土模型的迭代计算公式,在 FLAC[3D] 中进行了二次开发;Li 等[149]提出了可描述软弱围岩塑性区岩石破坏程度、考虑其弹性模量衰减的退化本构模型,通过 FLAC[3D] 实现了模型的二次开发;褚卫江等[150]利用 FLAC[3D] 开发了西原流变模型,给出了模型的开发流程；陈育民等[151]使用 FLAC³ᴰ实现了 Duncan-Chang 模型的开发，通过与三轴试验结果进行对比验证了模型开发的正确性；谢秀栋等[152]结合软土弹黏塑性流变模型，给出了 FLAC³ᴰ模型二次开发过程中的具体实施程序框图及编写概要；杨文东等[153]分析了蠕变损伤模型二次开发程序的基本原理，提出了编写 C++代码中需要注意的问题；左双英等[154]采用 Z-P 屈服准则弹塑性本构模型，推导了模型在 FLAC³ᴰ中的增量迭代计算格式并对模型进行了二次开发；李英杰等[155]研究了劣化损伤本构模型在 FLAC³ᴰ中的二次开发方法，在 VC++环境下实现了模型的二次开发；何利军等[156]研究了采用 SMP 强度准则的广义 Kelvin 模型，在 VC++环境中使用 FLAC³ᴰ实现了模型的二次开发；姜兆华等[157]推导了 HS 模型在 FLAC³ᴰ中的增量迭代计算公式，并进行了模型的二次开发；邹佳成[158]推导了西原模型的三维差分公式，利用 FLAC³ᴰ对西原模型进行了二次开发并应用于隧洞围岩稳定性分析。

在充填体蠕变本构模型二次开发方面，郭瑞凯等[159]在广义 Kelvin 体中引入分数阶黏性元件来模拟胶结充填体的蠕变过程，将得到的蠕变本构方程利用 FLAC³ᴰ进行了二次开发。

5.2　蠕变本构模型差分格式

在 FLAC³ᴰ计算中，蠕变计算和动力计算两者不能耦合，因此选取不含扰动元件的改进的分数阶 Burgers 模型进行二次开发。

该模型在一维情况下的蠕变方程为：

$$\varepsilon = \begin{cases} \dfrac{\sigma}{E_M} + \dfrac{\sigma}{H}t^r + \dfrac{\sigma}{E_K}\left(1 - e^{-\frac{E_K}{\eta_K}t^{1-\beta}}\right), \varepsilon < \varepsilon_a \\[3mm] \dfrac{\sigma}{E_M} + \dfrac{\sigma}{H}t^r + \dfrac{\sigma}{E_K}\left(1 - e^{-\frac{E_K}{\eta_K}t^{1-\beta}}\right) + \dfrac{\sigma}{2\eta_{nl}}\tau^2, \varepsilon \geqslant \varepsilon_a \end{cases} \tag{5.1}$$

在二次开发过程中，需要将式(5.1)扩展到三维形式，三维形式的蠕变模型如图 5.1 所示。

三维形式的蠕变方程为：

$$\varepsilon = \begin{cases} \dfrac{\sigma_1 + 2\sigma_3}{9K} + \dfrac{\sigma_1 - \sigma_3}{3G_M} + \dfrac{\sigma_1 - \sigma_3}{3G_K}\left(1 - e^{-\frac{G_K}{\eta_K t^\beta}t}\right) + \dfrac{\sigma_1 - \sigma_3}{3Ht^{1-r}}t, \varepsilon_{11} < \varepsilon_a \\[3mm] \dfrac{\sigma_1 + 2\sigma_3}{9K} + \dfrac{\sigma_1 - \sigma_3}{3G_M} + \dfrac{\sigma_1 - \sigma_3}{3G_K}\left(1 - e^{-\frac{G_K}{\eta_K t^\beta}t}\right) + \dfrac{\sigma_1 - \sigma_3}{3Ht^{1-r}}t + \dfrac{\sigma_1 - \sigma_3}{6\eta_{nl}}\tau^2, \varepsilon_{11} \geqslant \varepsilon_a \end{cases}$$

$$\tag{5.2}$$

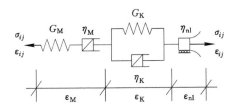

图 5.1 改进的分数阶 Burgers 模型的三维形式

式中 K——材料体积模量,GPa;

G_M——Maxwell 体弹簧剪切模量,GPa;

G_K——Kelvin 体弹簧剪切模量,GPa。

在编程的过程中,需要将求解过程中的应力增量和应变增量写成关于蠕变时间的差分形式。由于所开发的模型中不含有塑性元件,因此不考虑塑性屈服修正。

充填体的应变 ε_{ij} 由以下三部分构成:Maxwell 体应变 ε_{ij}^M、Kelvin 体应变 ε_{ij}^K、非线性黏壶元件应变 ε_{ij}^{nl}。

$$\varepsilon_{ij} = \varepsilon_{ij}^M + \varepsilon_{ij}^K + \varepsilon_{ij}^{nl} \tag{5.3}$$

将式(5.3)写成应变偏量速率的形式:

$$\dot{e}_{ij} = \dot{e}_{ij}^M + \dot{e}_{ij}^K + \dot{e}_{ij}^{nl} \tag{5.4}$$

式中 $\dot{e}_{ij}$——总偏应变的速率;

$\dot{e}_{ij}^M$——Maxwell 体偏应变速率;

$\dot{e}_{ij}^K$——Kelvin 体偏应变速率;

$\dot{e}_{ij}^{nl}$——非线性黏壶元件偏应变速率。

Maxwell 体的偏应变由弹簧和黏壶两部分组成,即:

$$\dot{e}_{ij}^M = \frac{\dot{S}_{ij}}{2G_M} + \frac{S_{ij}}{2\eta_M} \tag{5.5}$$

Kelvin 体的偏应力由弹簧和黏壶两部分组成,即:

$$S_{ij} = 2\eta_K \dot{e}_{ij}^K + 2G_K e_{ij}^K \tag{5.6}$$

在塑性力学中,一般假定球应力不产生塑性变形,因模型不考虑塑性,则整个模型的球应力速率可写为:

$$\dot{\sigma}_m = K\dot{e}_{vol} \tag{5.7}$$

式中 $\dot{\sigma}_{m}$——球应力速率；

$\dot{e}_{vol}$——球应变速率。

将式(5.4)写成增量形式：

$$\Delta e_{ij} = \Delta e_{ij}^{M} + \Delta e_{ij}^{K} + \Delta e_{ij}^{nl} \tag{5.8}$$

采用中心差分时,式(5.5)、式(5.6)、式(5.7)可分别写为：

$$\Delta e_{ij}^{M} = \frac{\Delta S_{ij}}{2G_{M}} + \frac{\overline{S}_{ij}}{2\eta_{M}}\Delta t \tag{5.9}$$

$$\overline{S}_{ij}\Delta t = 2\eta_{K}\Delta e_{ij}^{K} + 2G_{K}\,\overline{e}_{ij}^{K}\Delta t \tag{5.10}$$

$$\Delta\sigma_{m} = K\Delta e_{vol} \tag{5.11}$$

其中,

$$\overline{S}_{ij} = \frac{S_{ij}^{N} + S_{ij}^{O}}{2} \tag{5.12}$$

$$\overline{e}_{ij} = \frac{e_{ij}^{N} + e_{ij}^{O}}{2} \tag{5.13}$$

式中 $\overline{S}_{ij}$——一个时间增量步内的平均偏应力；

$\overline{e}_{ij}$——一个时间增量步内的平均偏应变；

S_{ij}^{N}——一个时间增量步内的新应力偏量；

S_{ij}^{O}——一个时间增量步内的老应力偏量；

e_{ij}^{N}——新应变偏量；

e_{ij}^{O}——老应变偏量。

将式(5.12)和式(5.13)代入式(5.10),可求得：

$$e_{ij}^{K,N} = \frac{1}{A}\left[Be_{ij}^{K,O} + \frac{\Delta t}{4\eta_{K}}(S_{ij}^{N} + S_{ij}^{O}) \right] \tag{5.14}$$

$$A = 1 + \frac{G_{K}\Delta t}{2\eta_{K}}, B = 1 - \frac{G_{K}\Delta t}{2\eta_{K}} \tag{5.15}$$

将式(5.9)和式(5.14)代入式(5.8),再利用式(5.12)和式(5.13)得到：

$$S_{ij}^{N} = \frac{1}{a}\left[\Delta e_{ij} - \Delta e_{ij}^{nl} + bS_{ij}^{O} - \left(\frac{B}{A} - 1\right)e_{ij}^{K,O} \right] \tag{5.16}$$

$$a = \frac{1}{2G_{M}} + \frac{\Delta t}{4}\left(\frac{1}{\eta_{M}} + \frac{1}{A\eta_{K}}\right) \tag{5.17}$$

$$b = \frac{1}{2G_{M}} - \frac{\Delta t}{4}\left(\frac{1}{\eta_{M}} + \frac{1}{A\eta_{K}}\right) \tag{5.18}$$

根据式(5.11),将球应力写成差分格式:

$$\sigma_{m}^{N} = \sigma_{m}^{O} + K\Delta e_{vol} \tag{5.19}$$

Kelvin 体新的球应变为:

$$\varepsilon_{m}^{K,N} = \frac{1}{C}\left[D\varepsilon_{m}^{K,O} + \frac{\Delta t}{6K}(\sigma_{m}^{N} + \sigma_{m}^{O})\right] \tag{5.20}$$

$$C = 1 + \frac{K\Delta t}{2\eta_{K}}, D = 1 - \frac{K\Delta t}{2\eta_{K}} \tag{5.21}$$

综上所述,改进的分数阶 Burgers 模型的应力应变关系可以采用式(5.16)、式(5.19)表达,写成以上形式主要为了方便程序编写。

5.3　模型二次开发流程及核心技术

改进的分数阶 Burgers 模型的程序运算流程见图 5.2,程序的主体是重载模型中的 Initialize() 和 Run() 两个成员函数。

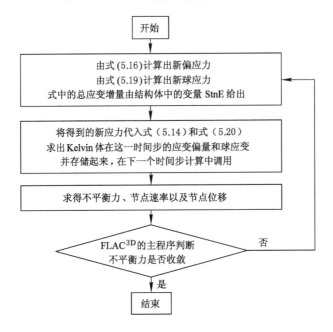

图 5.2　模型程序运算流程图

利用 FLAC³ᴰ对本构模型的开发主要是针对已有模型的头文件和源文件进行的。对头文件的修改工作包括新的本构模型派生类的声明,模型 ID、名称和版本的修改,派生类的私有成员的修改,修改的项目包括模型本身所需要的参数及程序执行过程中的中间变量等。对源文件的修改工作主要是定义头文件中的所有成员函数,以实现流程图中的程序功能,计算并存储变量等。文献[160]介绍了对已有模型修改的具体步骤。

针对要开发的改进的分数阶 Burgers 模型,以 FLAC³D 中自带的 Burgers 模型为蓝本,利用软件 Visual Studio 2005 对头文件和源文件进行修改,将头文件和源文件编辑完成后,运行编辑好的文件,可得到 dll 文件,再将 dll 文件复制到 FLAC³D 的安装目录下。运行 FLAC³D 软件,在命令流窗口输入"config cppudm"进入模型载入状态,再输入"model load"命令并附带 dll 文件名(本书中为"model load NLBurgers"),此时 dll 文件就被加载到 FLAC³D 中。

5.4　模型的验证

对模型修改生成 dll 文件后并不能证明二次开发已经完成,也不能说明程序的正确性,此时还要对自定义的本构模型进行调试与验证,经过调试与验证后的自定义模型才能应用到数值模拟当中。

模型的调试包括程序语法错误修改和计算结果反馈修改。程序的语法错误修改在进行源文件的修改编辑时就完成了,因为若存在 C++语法错误则无法生成 dll 文件,但生成了 dll 文件只能说明程序不存在语法错误,是否正确还需进一步检查,即进行计算结果反馈修改。计算结果反馈修改是将模型的计算结果和理论值或已有的正确结果进行比较,如果两者一致,则证明模型的逻辑关系、变量迭代与运算过程均正确,这个修改过程也称模型的验证过程。

进行计算结果反馈修改的最可靠方法是建立算例。若是与已有的正确结果相比较则相对简单;若是与理论值相比较,则要以 FLAC³D 中自带的本构模型为准,将自定义本构模型的参数取特殊值使其退化为自带本构模型,或使自带本构模型的参数取特殊值退化为自定义本构模型,计算后比较结果。不管采用哪种方式,计算均是遵循由多元件模型向少元件模型退化的原则,从模型元件组成的角度来讲就是要求两个被比较模型的元件组合形式相同。

5.4.1　模型新增元件正确性检验

本书进行二次开发的是改进的分数阶 Burgers 模型,由于该模型是在 Burgers 模型的基础上变化得到的,因此以 Burgers 模型为准对该模型的参数取特殊值进行验证。与 Burgers 模型相比,该模型进行了两点改动:一是将 Kelvin 体和 Maxwell 体中的黏壶替换为分数阶导数元件,二是增加了一个可以描述加速蠕变的非线性黏壶元件。下面从这两点出发对该模型进行正确性检验。

(1) 分数阶导数元件

根据前文所述,Kelvin 体中黏壶的黏滞系数按照 $\eta'_K = \eta_K t^\beta$ 形式变化,Maxwell 体中黏壶的黏滞系数按照 $\eta'_M = H t^{1-r}$ 形式变化。令 $\beta = 0$、$r = 1$,则黏滞系数变为常数,其大小不再随时间发生改变,这样则与 Burgers 模型中的黏壶保持一致。

(2) 非线性黏壶元件

根据非线性黏壶元件的表达式可知,非线性黏壶元件只在模型的应变达到临界值后发挥作用,因此可以给这个临界值赋予一个足够大的值,使非线性黏壶元件由于不能达到应变条件而不能发挥作用,或将非线性黏壶的黏滞系数取一个足够大的值,使非线性黏壶所产生的应变趋近于零,即等同于将这一项消去。

利用图 5.3 所示的计算模型对二次开发模型进行验证,在模型顶面施加竖直方向应力。该模型为长方体,长 5 m、宽 5 m、高 10 m。为了使自定义本构模型退化,选择将应变临界值设为最大,在 $FLAC^{3D}$ 中分别调用 Burgers 模型和自定义本构模型,对模型中共有的参数赋予相同的值,并取相同时步进行计算,对比两个模型的计算结果,如图 5.4 所示。

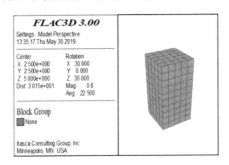

图 5.3 计算模型

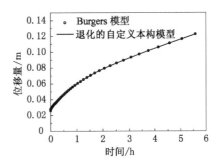

图 5.4 退化的自定义本构模型与
Burgers 模型计算结果对比

由图 5.4 可知,利用开发的自定义本构模型计算出的结果与 Burgers 模型的计算结果一致,这表明自定义本构模型在 Burgers 模型上的改进是正确的。当自定义本构模型中改进的或增加的元件不发挥作用时,自定义本构模型就是

Burgers 模型。

利用退化方法对自定义本构模型进行验证后,还应对改进的或增加的元件进行验证,查看其是否发挥作用。保持非线性黏壶处于退化状态,将分数阶的阶数 β 和 r 分别赋值为 0.2 和 0.8、0.4 和 0.6、0.7 和 0.3、0.9 和 0.1,对比计算的结果,如图 5.5 所示。可以看出,4 条曲线前半段形式大致相同,但随着 β 的逐渐增大以及 r 的逐渐减小,曲线的斜率逐渐增大。这既表明分数阶导数元件的开发是正确的,又体现出分数阶导数元件的规律性,即若想模拟出增长速率较快的蠕变曲线,可通过改变分数阶导数元件的阶数来达到预期效果。与整数相比,分数数据量更多且更加灵活,能适应多种情况,因此分数阶元件更具有优越性。

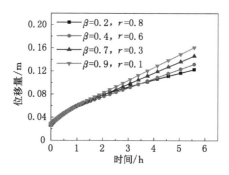

图 5.5　β 和 r 取不同值时计算结果对比

继续对非线性黏壶元件进行验证。根据 Burgers 模型计算得到的变形值可推断出相应的应变值,任选一个较大的应变值作为应变临界值,理论上当应变大于该值时,非线性黏壶元件即发挥作用产生较大的应变量,从而模拟出加速蠕变阶段。将分数阶的阶数 β 和 r 分别赋值为 0.2 和 0.8,可得到图 5.6 所示的蠕变曲线。

由图 5.6 可知,非线性黏壶元件的开发也是正确的,与 Burgers 模型和退化的分数阶 Burgers 模型相比,蠕变曲线在应变达到设定值后出现了较大的增长趋势,出现加速蠕变阶段。

5.4.2　模型对充填体蠕变适应性检验

前面对分数阶导数和非线性黏壶元件的成功验证,表明本书对改进的分数阶 Burgers 模型的开发思路和方法是正确的,但是模型能否应用于本次试验,能否准确模拟充填体的蠕变过程还需要进一步验证。

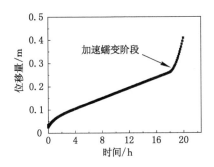

图 5.6　模拟出的加速蠕变阶段的蠕变曲线图

结合充填体试件的单轴蠕变试验，在 FLAC³ᴰ中建立与试验所用试件尺寸相同的圆柱体模型（模型高 100 mm、直径 50 mm），如图 5.7 所示。

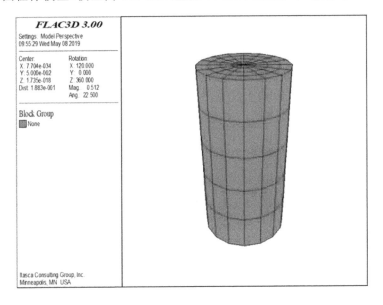

图 5.7　圆柱体模型

模型边界条件与试验时相同，底部固定轴向 Z 方向，顶部和侧面均为自由边界，荷载垂直施加于顶部。以模型侧面中心点（0，0.05，0.025）为试验监测点，对蠕变过程中该点的位移进行监测，获得位移与时间的关系曲线，蠕变模型调用自定义改进的分数阶 Burgers 模型。

对单轴蠕变试验的试验数据进行拟合，可以得到各蠕变参数的具体数值，见表5.1。

表 5.1 蠕变参数

应力 /MPa	E_M /GPa	H /(GPa·h)	E_K /GPa	r	β	η_K /(GPa·h)	η_{nl} /(GPa·h²)	相关 系数
0.359	9.013	6.939	14.268	0.665	0.123	5.177	—	0.993
0.714	1.897	24.471	5.036	0.730	0.359	0.194	—	0.997
1.071	2.798	51.300	2.443	0.941	0.778	0.593	—	0.997
1.427	1.794	35.230	2.513	0.629	0.772	0.563	—	0.997
1.784	2.653	3.321	5.473	0.105	0.001	0.290	172.743	0.990

数值模拟过程中需要注意两个问题，一是一维与三维参数之间的转换问题，二是数值模拟蠕变时间步的设置问题。

（1）参数转换

由于试验采用单轴压缩方式，由试验数据拟合出的变量参数是一维的，因此需要在数值模拟中将参数转化为三维的数值。对比式(5.1)的一维形式与式(5.2)的三维形式，以及单轴压缩试验时 $\sigma = \sigma_1$、$\sigma_2 = \sigma_3 = 0$，可得：

$$E_K = 3G_K; \eta_K = 3\eta'_K; \eta_{nl} = 3\eta'_{nl}; H = 3H';$$
$$\frac{1}{E_M} = \frac{1}{9K} + \frac{1}{3G_M}; K = \frac{E}{3(1-2\upsilon)} \tag{5.22}$$

按照式(5.22)将一维形式下各参数数值转换为三维形式下的参数数值，并计算出体积模量 K（泊松比 υ 根据单轴压缩试验取 0.28），再代入 FLAC³ᴰ 软件进行数值模拟，计算出的体积模量及转换后的参数如表 5.2 所列。

表 5.2 计算与转换后的蠕变参数

应力 /MPa	K /GPa	G_M /GPa	H' /(GPa·h)	G_K /GPa	η'_K /(GPa·h)	η'_{nl} /(GPa·h²)
0.359	6.828	3.521	2.313	4.756	1.726	—
0.714	1.437	0.741	8.157	1.679	0.065	—
1.071	2.120	1.093	17.100	0.814	0.198	—
1.427	1.359	0.701	11.743	0.838	0.188	—
1.784	2.010	1.036	1.107	1.824	0.097	57.581

（2）蠕变时间步设置

FLAC³ᴰ中蠕变模型与其他模型在模拟过程中的时间概念不同。蠕变过程中的求解时间和时间步代表真实时间，而其他模型在静力分析中的时间步是一个人为参数，仅作为计算从迭代至稳态的一种参考指标。对于 Burgers 模型，最大时间步长 Δt_{max}^{cr} 被定义为：

$$\Delta t_{max}^{cr} = \min\left(\frac{\eta_K}{G_K}, \frac{\eta_M}{G_M}\right) \tag{5.23}$$

由于自定义本构模型是在 Burgers 模型上改进的，因此在利用自定义本构模型进行数值计算时，以式（5.23）计算结果为基准，取比其小两到三个数量级的值作为临界时间步长，在本例中取 1×10^{-3}。

考虑上述两个问题后，按以下步骤进行单轴分级加载蠕变试验模拟：

① 通过模型调用命令"config cppudm"，通过生成的动态链接库文件来导入自定义蠕变模型"model load NLBurgers.dll"；

② 设定蠕变模型参数及蠕变时间步；

③ 施加分级荷载并设置约束条件，每一分级加载需先进行弹性部分计算以得到瞬时变形，再进行蠕变计算。

将按照上述步骤得到的数值模拟数据与试验数据对比得到图 5.8。通过对比可发现数值模拟的结果和试验结果基本符合，说明了本书对改进的分数阶 Burgers 模型在 FLAC³ᴰ中的二次开发是正确的，并且该模型可用于描述充填体材料的蠕变过程。

5.5 蠕变扰动效应的实现

前面叙述了对改进的分数阶 Burgers 模型进行二次开发的具体步骤与结果，但是开发的自定义本构模型并没有考虑蠕变扰动情况。本节结合试验得到的相关结论，对如何实现蠕变扰动效应做进一步分析。

5.5.1 蠕变扰动效应的实现方法

在 FLAC³ᴰ中，蠕变计算与动力计算不能耦合，因此无法在已有蠕变本构模型的基础上进行动力开发。如果要进行蠕变计算和动力计算，通常的做法是先用蠕变计算建立应力场，然后进行瞬态动力计算，在计算过程中要进行计算模式的切换以及速度场的调整。

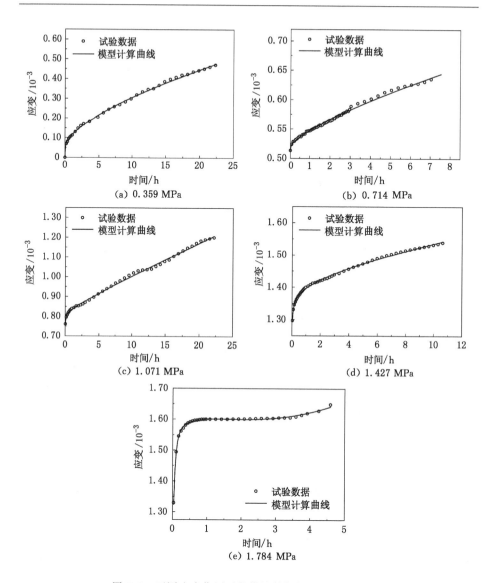

图 5.8 不同应力作用下的模拟数据与试验数据对比

本书借鉴前人的研究思路,通过改变蠕变模型中元件参数来模拟扰动荷载作用下材料产生应变突变值的情况。将扰动作用下应力-应变曲线中含有扰动部分的数据整理出来,如图 5.9～图 5.12 所示。根据表 4.6 中的拟合参数可知,扰动荷载施加前后模型中的 E_M 值基本不变,E_K 值发生了显著变化,η_K、η_M 值变化也较大。由于 η_K、η_M 值与蠕变时间有关,故不予考虑,现主要对 E_K 值的变化情况进行讨论。

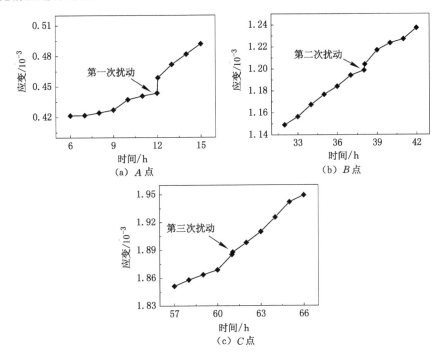

图 5.9 不同应力下 10 cm 高度扰动前后应变变化情况

由 E_K 值的变化情况可看出,无论扰动荷载高度是 10 cm、15 cm、20 cm 还是 25 cm,未施加扰动荷载时 E_K 值均较大,当第一次施加扰动荷载后 E_K 值出现大幅度减小,第二次、第三次施加扰动荷载后 E_K 值基本保持不变。这种现象可以说明随着扰动荷载的施加,动力扰动作用主要对 E_K 值产生影响。从应力的角度来考虑,在应力较低时扰动作用对 E_K 值的影响最显著,且扰动作用越强 E_K 值的衰减程度越大;而当应力水平提高一定程度以后 E_K 值的衰减幅度并不大,基本保持为一个定值,同时在不同扰动作用下的衰减幅度也基本相同。

按照能量损伤中以弹性模型定义损伤变量为例,设定未施加扰动前的初始弹性模量值为 E_K,在受到扰动后弹性模量瞬间衰减为 E'_K,定义损伤变量 $D = 1 - E'_K/E_K$,该损伤变量在施加扰动后对 E'_K 发生作用使其瞬间减小。根据扰动情况与 E_K 值大小的对比情况,可得出不同高度扰动荷载下损伤变量 D 的不同取值,见表 5.3。

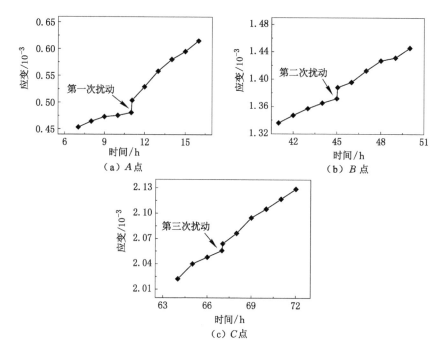

图 5.10　不同应力下 15 cm 高度扰动前后应变变化情况

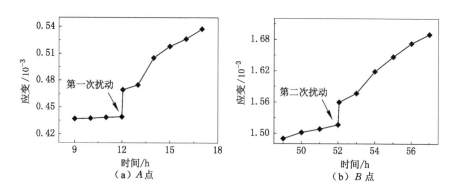

图 5.11　不同应力下 20 cm 高度扰动前后应变变化情况

利用表 5.3 中的数据即可在蠕变过程中实现 E_K 值的衰减,前提是需要将施加扰动的具体时间记录下来。实现的步骤是先启用蠕变模块,在命令流中设定蠕变时间(即为施加扰动前的总时间),利用命令"set creep off"停止蠕变计算,然后利用 Fish 语言改变 E_K 值,再调用动力模块模拟动力作用,并调整速度场。以此类推,在每次蠕变模块和动力模块切换过程中均对 E_K 值进行修改,实

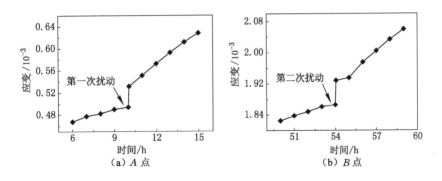

图 5.12　不同应力下 25 cm 高度扰动前后应变变化情况

现蠕变扰动状态的模拟。

表 5.3　不同扰动情况下损伤变量 D 取值

损伤变量	A 点				B 点				C 点	
	10 cm	15 cm	20 cm	25 cm	10 cm	15 cm	20 cm	25 cm	10 cm	15 cm
D	0.583	0.717	0.724	0.780	0.222	0.322	0.320	0.286	0.397	0.333

5.5.2　蠕变扰动效应的数值模拟

前述试验采用的是分级加载的试验方法,为了更好地实现数值模拟,利用"陈氏法"将分级加载方式下得到的数据处理成分别加载方式下的数据。"陈氏法"是由陈宗基[161]及其团队提出的一种蠕变数据处理方法,与传统的利用波尔兹曼叠加原理处理数据相比,"陈氏法"考虑材料的高度非线性,使处理的数据更加精确可靠。图 5.13 为"陈氏法"处理后分别加载方式的蠕变数据。

同样在 FLAC^{3D} 中建立高为 100 mm、直径为 50 mm 的圆柱体模型,边界条件、力的施加均与前述相同。对于施加的应力波形,本书采取文献[162]中提出的方法,在数值计算时将动力扰动曲线取荷载波形中为谐波的一段,采用正弦式应力波时程曲线。根据前述试验条件可按下式计算动力扰动峰值:

$$\overline{F}t' = m'v \tag{5.24}$$

式中　$\overline{F}$——平均作用力,N;

　　　t'——作用时间,s;

　　　m'——钢环质量,kg;

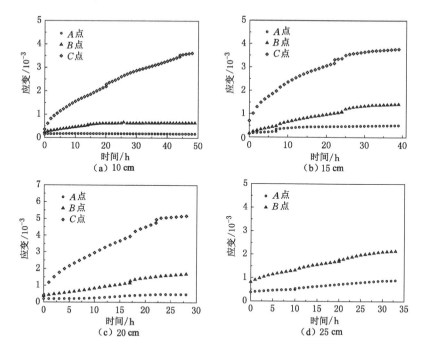

图 5.13 "陈氏法"处理后的蠕变数据

v——速度,m/s。

钢环释放后做自由落体运动,则钢环速度为:

$$v = \sqrt{2gh} \tag{5.25}$$

式中 h——钢环下落高度,m。

钢环质量 m' 为 200 g,作用时间 t' 取 2 ms,g 取 9.8 m/s²。计算可得扰动冲击高度 h 为 10 cm、15 cm、20 cm、25 cm 时平均作用力 F 分别为 140 N、172 N、198 N、221 N,根据圆柱体截面面积换算为最大应力 p_{max} 分别为 0.071 MPa、0.088 MPa、0.101 MPa、0.113 MPa。取动力作用频率 ω 为 500 Hz,最后得到应力波时程曲线如图 5.14 所示。

在模拟中选用瑞利阻尼形式,按经验方法选取阻尼比参数为 5%,采用自振频率作为瑞利阻尼的中心频率,自振频率通过对模型进行无阻尼下的自振计算后确定,为 14.1 Hz。

根据前述步骤在 FLAC³ᴰ中进行数值计算,将计算出的结果与试验结果进行对比绘制出两者的对比曲线,如图 5.15 所示。

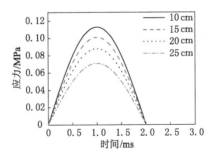

图 5.14 应力波时程曲线

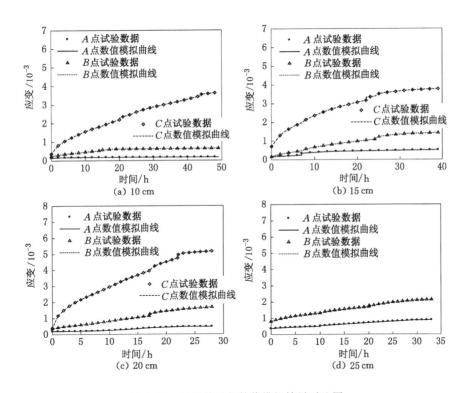

图 5.15 试验结果与数值模拟结果对比图

对于因动力扰动作用引起的应变突变情况,通过数值模拟同样得到了与试验相同的结果。以图 5.9~图 5.12 中第一次扰动结果为例,说明了数值模拟与试验应变突变的一致性,见图 5.16。

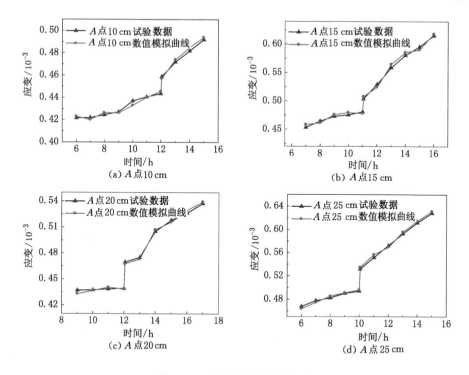

图 5.16　应变突变值对比情况

5.6　本章小结

（1）推导出了自定义蠕变本构模型在 FLAC[3D] 中的差分格式，介绍了模型二次开发的流程与核心技术，并重新编写了自定义模型的头文件和源文件，生成了可执行的动态链接库 dll 文件；通过与 Burgers 模型对比以及改变分数阶阶数等方式，对自定义本构模型进行了调试与验证。

（2）通过蠕变模型中元件参数大小的改变模拟了扰动荷载作用下材料产生应变突变值的情况，实现了蠕变过程中的动力扰动效应，并推导了蠕变过程中不同扰动情况下的参数损伤变量值。

（3）利用 FLAC[3D] 进行蠕变扰动效应试验的数值模拟，通过对比证明了改变扰动前后参数的思路是正确的，验证了试验结果与数值模拟结果的一致性。

6 桥梁下伏采空区充填控制沉陷研究

6.1 引言

  第 5 章开发了粉煤灰地聚物膏体充填材料的蠕变本构模型并实现了充填体的蠕变扰动效应,本章将开发后的模型应用于桥梁下伏采空区充填控制沉陷的数值模拟之中。

  在桥梁下伏采空区方面,Liang 等[163]对采空区高铁桥梁的桩-土-承台-采空区巷道顶板之间的相互作用与沉降机理进行了研究,通过建立桩的承载力和沉降计算公式预测采空区稳定性;Li 等[164]将水下超声成像技术应用于煤矿充水采空区的形状检测,并利用该技术为山西某铁路桥下采空区治理提供了关键数据;Sui 等[165]分析了位于老采空区上方某城市快轨铁路桥的稳定性,采用钻孔压浆技术对现场地基进行了加固处理;Zhou 等[166]针对某大桥下充填开采问题,采用数值模拟方法对桥下充填体的变形、应力状态及长期稳定性进行了分析,认为桥梁和充填体可以保持长期稳定;包海等[167]利用帷幕方式的高效注浆法对翁簸大桥下煤矿采空区进行处理,验证了该方法在处理采空区填充难题上的有效性;陈炳乾等[168]将 D-InSAR 技术应用于采空区上方桥梁变形监测,以江苏大刘煤矿采空区上方大桥为研究对象证明了该技术的可行性;任政[169]结合实际工程地质情况,对蒋家湾大桥下伏采空区进行了钻孔注浆加固处理,使该桥梁结构的安全性得到保障;马秋红等[170]提出了"混凝土墩柱式支撑"与砂浆全充填灌注相结合的采空区综合治理方法,并将其成功应用于吕环高速郭家沟 1 号大桥;亓晓贵等[171]通过分析某高速公路大桥桥址范围内采空区的不良效应建立了数值模型,并根据不同条件下的影响结果提出了有效的风险控制策略;刘骏[172]以六盘水宏龙寨煤矿采空区为研究对象,确定了该采空区的稳定等级并通过理论计算和数值模拟对桥梁修建后采空区稳定性进行了预测;张永柱[173]对柴汶河大桥下伏采空区进行了详细的调查与勘察,利用通用离散元程序 UDEC 建立模型并对采空区进行了注浆前后的多方面稳定性分析。

文献[174]提出了一个桥梁下伏采空区的工程实例,本书针对该工程实例采用研发的粉煤灰地聚物膏体充填材料进行充填开采的沉陷控制研究。

6.2　工程概况

离石至军渡高速公路(简称"离军高速公路")是国家公路网"五纵七横"中青岛至银川国道主干线途经山西的重要路段,也是山西省高速公路主骨架"3 纵11 横 11 环"的第七横,它西联我国中西部重点开发地区,东连京津鲁等发达地区,是我国东西运输的主要大动脉之一。

离军高速公路起点接山西省汾阳至离石高速公路,终点接陕西省吴堡至子洲高速公路,全长 38.55 km。该公路属于典型的山岭区高速公路,沿线崇山峻岭、沟壑纵横。线路沿线地表下方煤炭资源丰富,已开采的煤矿包括青龙煤矿、同德煤矿、师婆沟煤矿、康家沟煤矿等,煤炭资源的开采使得线路下方存在多处废弃煤矿采空区,影响线路里程达 5.21 km。

若在该地区新建一座桥梁,桥梁长 560 m,上部结构为装配式预应力混凝土连续箱梁,下部结构采用双柱式桥墩、柱式桥台、桩基础,桥梁主墩高 20 m,墩间距 40 m。桥梁全宽 26.0 m,桥上为双向四车道,设计速度 80 km/h,设计荷载为公路-Ⅰ级。根据前期勘察资料可知,在大桥设计途经路段地表下方存在多处煤矿开采后遗留的采空区,平均埋深为 44~48 m。采空区的存在对于桥梁有较大的隐患,为保证大桥修建过程及修建后的运营稳定性必须对采空区进行针对性的治理。

地质调查及钻探资料显示,桥梁修建地属于黄土丘陵区,地表覆盖 Q_3 和 Q_2 黄土,地层主要为全新统卵砾石、新近堆积黄土,上更新统风积黏质黄土,中更新统风积黏质黄土,三叠系下统泥岩夹砂岩。区域地形起伏较大,多流水沟谷,无地下水。地区属于温带大陆性气候,四季分明,雨水集中,春季干旱多风,冬季寒冷,年平均气温为 10.6~11.2 ℃,1 月份平均气温为 $-6.1 \sim -5.4$ ℃,7 月平均气温为 24.6~25.1 ℃,气温极端最高为 39.8 ℃,极端最低为 -21.3 ℃;降水集中在 5~8 月,年平均降雨量为 446~533 mm;年平均相对湿度为 72%,年平均风速为 1.8 m/s;全年无霜期为 181~215 d,平均冻结深度为 120 mm。

6.3 工程数值模拟

6.3.1 三维模型建立

根据地形地貌及地质条件,在 FLAC³ᴰ中建立简化的三维地质模型。模型大小为 4 个桥墩跨越的范围,长 160 m×宽 50 m×高 60 m;模型共划分 67 356 个单元,61 080 个节点;模型网格为均匀网格,网格尺寸为 2 m,如图 6.1 所示。

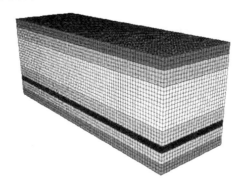

图 6.1 几何模型

模型中的岩层为简化后的岩层,岩土体各层的物理力学参数选用表 6.1 中的数据。

表 6.1 岩层物理力学参数表

编号	岩层名称	容重 /(kN/m³)	弹性模量 /GPa	泊松比	抗拉强度 /MPa	抗压强度 /MPa	黏聚力 /MPa	内摩擦角 /(°)
1	黄土	16.3	0.13	0.30	0.072	0.25	0.071	26
2	砂岩	26.2	0.70	0.22	4.430	101.40	7.240	42
3	中砂岩	25.4	0.53	0.24	0.620	71.30	7.610	43
4	煤层	14.6	0.58	0.28	4.210	40.20	6.450	38
5	泥质砂岩	26.3	0.53	0.25	0.660	76.40	7.870	40
6	泥岩	26.5	0.64	0.21	4.340	91.70	6.740	40
7	砂岩	26.8	0.68	0.20	5.610	94.40	3.830	35

利用图 6.1 中的模型进行计算时,限制模型的侧面水平移动,模型底面固定,上边界为自由边界,模型中地表下各岩层材料遵循莫尔-库仑屈服准则,计算时忽略地震、地下水渗流等影响。

模拟时应根据实际工况进行,首先根据各地层参数对煤层未开挖前初始应力场平衡进行计算,之后对煤层进行开挖形成采空区,对采空区进行充填处理,再按照桥梁实际施工工序进行桥梁桩基开挖浇筑、桥台浇筑、桥墩浇筑、盖梁及主梁施工。对采空区充填模拟时采用的充填体参数为单轴压缩和直接剪切试验所测得的粉煤灰地聚物充填体参数,如表 6.2 所列。

表 6.2　充填体物理力学参数

弹性模量/GPa	泊松比	容重/(kN/m³)	内摩擦角/(°)	黏聚力/MPa
0.52	0.28	20.2	29	1.52

6.3.2　初始应力场生成

采用更改强度参数的弹塑性求解法生成初始应力场,将地表下方各地层参数中的黏聚力和抗拉强度设为较大值使模型不发生屈服,之后再将这些值赋予真实值求解。初始计算后的 Z 方向应力云图如图 6.2 所示,可看出各网格间连接正确,可进行下一步开挖工作。

6.3.3　采空区分布沿桥梁走向工况

结合煤层实际开挖情况对地表下方煤层进行开挖模拟,首先讨论第一种工程情况(工况 1),即开挖后的采空区分布沿桥梁走向,如图 6.3 所示,采空区位置在桥梁的 2、3、4、5 号桥墩下。煤层开挖模拟前将计算初始应力场时产生的位移和速度清零,开挖模拟后对采空区进行充填,将采空区范围内的单元材料参数赋值为粉煤灰地聚物充填体参数。

充填后按照桥梁施工顺序进行桥梁的桩基施工。为方便模拟将桩简化为边长为 2 m 的矩形桩,桩长为 20 m,每隔 40 m 打 5 个桩,共 20 个桩。模拟时首先将桩内网格设为空模型模拟钻孔过程,之后将桩内网格设置为弹性模型,参数设置为混凝土数值来模拟混凝土浇筑过程。基坑施工采用相同的方式模拟。桩基施工完成后进行桥墩的施工模拟,在桩基对应位置上侧生成与桥墩同尺寸的矩形单元体,参数赋值为混凝土数值,并利用"attach face"命令将新建单元体

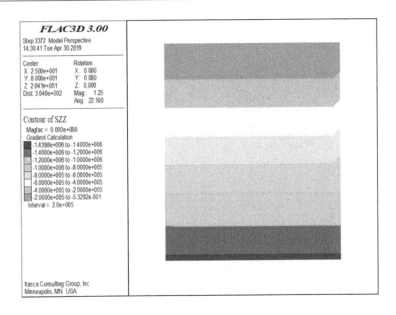

图 6.2 初始 Z 方向应力云图

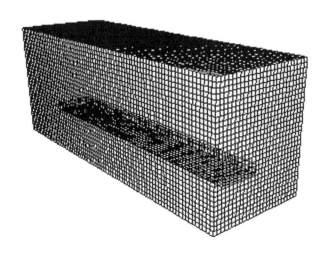

图 6.3 开挖后轮廓图(工况 1)

网格与原网格连接。桩基施工如图 6.4 所示。

之后是盖梁、主梁施工,同样采用生成单元体的方式进行模拟。在使用矩形单元体模拟主梁时由于主梁为箱梁形式,需将材料参数中的密度值折减使其整体质量减小而更贴近于工程实际。桥梁施工完成后的网格图如图 6.5 所示。

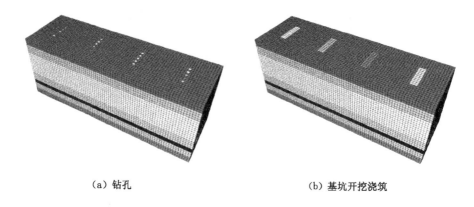

(a) 钻孔   (b) 基坑开挖浇筑

图 6.4 桩基施工

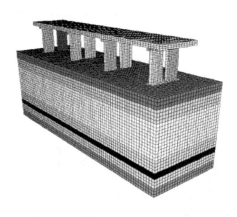

图 6.5 桥梁施工完成后的网格图

桥梁施工完成后需考虑开通运营后桥梁的汽车荷载,汽车荷载包括车道荷载和车辆荷载,此次模拟采用车道荷载。车道荷载由均布荷载和集中荷载组成,根据相关规范可知车道荷载的均布荷载标准值为 q_k 为 10.5 kN/m[175],集中荷载由桥梁跨径 40 m 计算为 320 kN。模拟时在桥面上施加相同数值大小的均布荷载和集中荷载。

(1) 施工过程中位移场变化情况

为分析桥梁施工过程中模型整体的位移变化情况,取每个施工工序完成后模型的 Z 方向位移云图,如图 6.6 所示。

由图 6.6 可知,随着施工的进行,模型的 Z 方向位移值逐渐增大,但位移总量较小。在主梁施工完成后,地表及下方的 Z 方向位移值最大为 4 mm,且随深

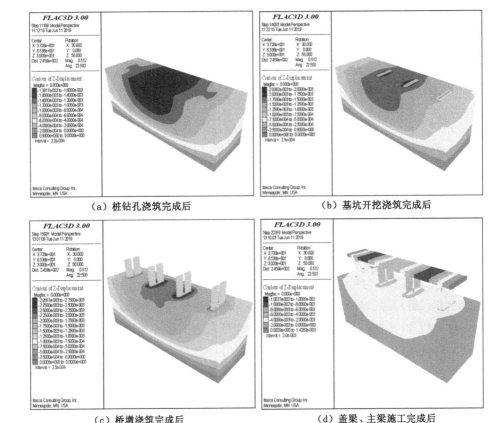

（a）桩钻孔浇筑完成后　　　　　　（b）基坑开挖浇筑完成后

（c）桥墩浇筑完成后　　　　　　　（d）盖梁、主梁施工完成后

图 6.6　桥梁各施工工序完成后模型的 Z 方向位移云图(工况 1)

度逐渐减小,呈现出凹陷的分布趋势,影响范围未到达模型底部。桥墩的 Z 方向位移值最大为 8 mm,出现在中间两个桥墩部位,两侧桥墩 Z 方向位移值为 4 mm。桥面处的 Z 方向位移值最大为 10 mm,由于桥梁自重原因未在桥墩上方的桥面部分产生更大的位移值,桥面两端也出现了 1.4 mm 的 Z 方向位移正值。在桥梁修建过程中,中间两桥墩地表及下方的 Z 方向位移值变化最为明显,但由于位移值较小,模型在整个桥梁施工过程中始终保持稳定,利用地聚物充填体充填采空区效果良好。

（2）桥梁结构变形特征分析

桥梁墩台的沉陷变形直接影响桥梁基础的稳定性,在桥梁修建过程中桥墩沉陷值应保持在稳定的变化范围内。取车道荷载施加后桥墩处 Z 方向和 Y 方向位移云图,如图 6.7 所示。

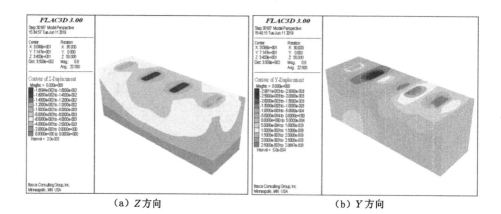

（a）Z 方向　　　　　　　　　　　（b）Y 方向

图 6.7　桥墩处位移云图（工况 1）

根据文献[176]，对于简支梁桥桥墩位移量应满足：① 墩台均匀沉降量（单位：cm）小于等于 2 倍相邻墩台间最小跨径长度（单位：m）；② 相邻墩台均匀沉降量之差（单位：cm）小于等于 1 倍相邻墩台间最小跨径长度（单位：m）；③ 墩台测点水平位移（单位：cm）小于等于 0.5 倍相邻墩台间最小跨径长度（单位：m）。由桥梁墩台间距 40 m 可知，墩台均匀沉降量规定值为 80 mm，相邻墩台均匀沉降量之差为 40 mm，墩台测点水平位移为 20 mm。分别提取 4 个墩台节点处的位移数据值与规定容许值进行比较，提取数据结果如表 6.3 所列。

表 6.3　墩台节点处位移值（工况 1）

ID 号	X 方向位移值/m	Y 方向位移值/m	Z 方向位移值/m
63 480	$5.231\ 3\times10^{-6}$	$-1.241\ 2\times10^{-3}$	$-1.024\ 5\times10^{-2}$
64 000	$2.489\ 6\times10^{-5}$	$6.782\ 2\times10^{-4}$	$-1.432\ 9\times10^{-2}$
64 520	$2.174\ 9\times10^{-5}$	$-7.700\ 9\times10^{-4}$	$-1.431\ 3\times10^{-2}$
65 040	$1.956\ 4\times10^{-5}$	$1.854\ 3\times10^{-3}$	$-1.042\ 5\times10^{-2}$

由表 6.3 可知 4 个节点墩台均匀沉降量最大值为 14.3 mm＜80 mm，相邻墩台均匀沉降量之差最大值为 4.1 mm＜40 mm，墩台测点水平位移最大值为 1.85 mm＜20 mm，均满足规范要求。因此，采空区充填后进行桥梁施工的墩台沉降量能够满足工程要求。

（3）施工过程中应力场变化情况

施工过程中除了对模型位移场的变化情况进行分析外还需分析模型的应

力场变化情况,取施工过程中各工序完成后的 Z 方向应力云图,如图 6.8 所示。

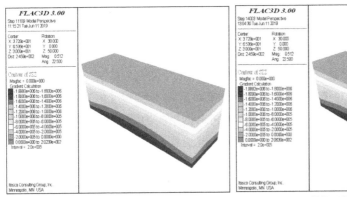

（a）桩钻孔浇筑完成后　　　　　（b）基坑开挖浇筑完成后

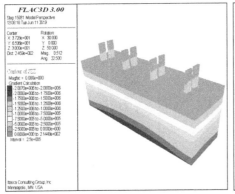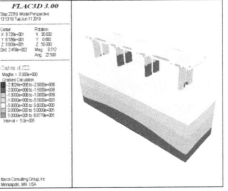

（c）桥墩浇筑完成后　　　　　（d）盖梁、主梁施工完成后

图 6.8　桥梁各施工工序完成后模型的 Z 方向应力云图(工况 1)

由图 6.8 可知,桥梁施工过程中模型整体的 Z 方向应力值逐渐增加,在主梁施工完成后 Z 方向应力值最大约为 2 MPa,出现在模型底部及中间两个桥墩的下侧位置处。桥墩底部出现小范围的应力集中,应力大小为 2.3 MPa;桥面处出现多个小范围应力正值区域,数值与影响范围较小;地表下模型 Z 方向的应力大小随深度增加逐渐增大,分布形式均匀且与模型初始平衡计算后的结果较为相似。施工过程中模型的整体应力变化情况较为平稳,采空区的充填效果良好,充填后 Z 方向应力值基本达到了与原始地层相似的状态,同时在桥梁施工过程中也未出现较大的应力波动情况。

（4）桥梁结构受力特征分析

车道荷载施加后桥梁受力状态会直接影响桥梁运营期间的安全性,因此保证墩台受力稳定是需要考虑的问题。取车道荷载施加后桥梁墩台的最大主应力云图和剪应力云图,如图 6.9 所示,观察墩台的受力状态。由图 6.9(a)可知,在墩台与桥面的连接处均出现了最大拉主应力,达到 1.78 MPa,说明此位置易发生受拉破坏。桥墩顶部出现应力集中区域,最大主应力值为 4.04 MPa。由图 6.9(b)可知,2 号桥墩的桥面与桥墩连接处出现不同程度的剪应力集中,出现正剪应力,大小为 0.78 MPa,其余桥墩则未出现应力集中现象。对于出现拉应力的区域,在桥梁设计及施工过程中应重点注意,并采取相应的加固措施,保证桥梁运营期间的安全与稳定。

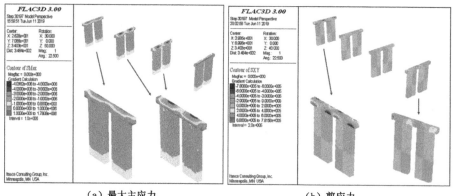

（a）最大主应力 （b）剪应力

图 6.9　桥墩应力云图（工况 1）

（5）充填体蠕变及动力作用模拟

根据前述的模拟结果可知,对采空区充填后进行桥梁施工能满足工程要求,但采空区能否在后期保持长久的稳定性仍需要进一步验证。利用 FLAC^{3D}中的蠕变模块和动力模块对采空区内充填体施加蠕变及动力作用,模拟桥梁建成及运营后充填体的实际受力状态并评估采空区充填后的稳定性。

在 FLAC^{3D}中开启蠕变计算功能,对采空区内的充填体进行蠕变分析。监测点选为充填体内部的 4 个点,每个监测点间隔 40 m。对监测点进行 500 h 的蠕变监测,蠕变计算的本构模型选为开发的自定义蠕变模型。由数值模拟结果可知采空区内充填体所受应力约为 1 MPa,根据本构模型拟合结果选取自定义蠕变模型中分数阶阶数 α 为 0.7,β 为 0.01。4 个监测点在 500 h 内的 Z 方向位移值如图 6.10 所示。

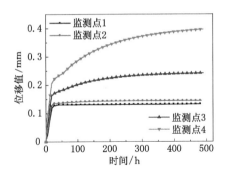

图 6.10 蠕变 500 h 后采空区内监测点 Z 方向位移值(工况 1)

由图 6.10 可知,采空区充填完成后 4 个监测点在 500 h 内的位移值在初始阶段增长较快,之后逐渐趋于稳定,4 个监测点中最大的位移值出现在监测点 4 处。根据充填体填充的采空区高度计算,监测点 4 处的充填体最大应变值为 1×10^{-4},远小于充填体破坏的应变触发值 2.5×10^{-3},充填体在充填后可以保持长时间的稳定状态。

关闭蠕变模块开启动力模块,对蠕变 500 h 后的充填体进行动力模拟。为方便模拟同样将车辆动荷载作用简化为谐波的一段,采用 Fish 函数进行定义并施加至模型中。模拟时将充填体上表面选为静态边界,下表面为自由表面。阻尼为瑞利阻尼,中心频率通过对无阻尼模型进行自振计算设置为 2 Hz,阻尼比为 0.5%。由于非线性计算中网格尺寸须满足式(6.1),因此根据模型网格尺寸 2 m 算出应力波波长 λ 取值范围为 $\lambda \geqslant 16$ m,模拟中取 20 m。之后根据式(6.2)并结合充填体的体积模量 K 和剪切模量 G 计算出压缩波波速 C_p 为 438 m/s,由此求得应力波的周期为 0.046 s,频率为 21.9 Hz。

$$\Delta l \leqslant (\frac{1}{8} \sim \frac{1}{10})\lambda \tag{6.1}$$

$$C_p = \sqrt{\frac{K + 4/3G}{\rho}} \tag{6.2}$$

式中　　Δl——计算模型网格尺寸,m;

λ——应力波波长,m;

C_p——压缩波波速,m/s;

ρ——材料密度,kg/m³。

应力波的应力冲击幅值根据车辆冲击力确定,冲击力标准值为汽车荷载标准值乘以冲击系数 μ。汽车荷载按车道荷载计算,冲击系数根据相关规范当结

构基频 $f>14$ Hz 时取 0.45,计算可得冲击力标准值为 770 kN,进而计算出扰动应力峰值为 490 Pa。因此,施加应力波的数学表达式 $P(t)$ 可表示为:

$$P(t) = \begin{cases} 490\left[\dfrac{1}{2} - \dfrac{1}{2}\cos(273t)\right], t < 7.3 \times 10^{-3} \\ 0, t > 7.3 \times 10^{-3} \end{cases} \tag{6.3}$$

利用 Fish 语言编写应力波的命令流为:

```
def setup
    omega = 2.0 * pi * freq
    pulse = 1.0 / freq
end
set freq = 21.9
set up
def  wave
    if dytime > pulse wave = 0
    else wave = 0.5  * (1.0 — cos(omega  *  dytime))
    end if
end
apply szz 4.9e2 hist wave sxz 0.0 syz 0.0 range z 15.9 16.1
```

以上述蠕变 500 h 后的模型为动力计算的初始状态,在模型底部输入动力荷载,持续时间为一个周期。同样以上述 4 个监测点为监测对象,监测动力荷载作用下监测点处的 Z 方向位移变化情况,如图 6.11(a)所示。由图 6.11(a)可知,4 个监测点处的充填体在动力荷载作用下的位移变化情况基本一致,整体位移值变化量较小,换算为应变值仅为 8×10^{-7},充填体受力状态稳定。

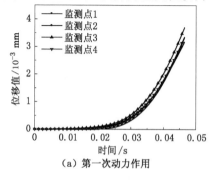
（a）第一次动力作用

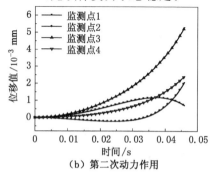
（b）第二次动力作用

图 6.11　动力作用后监测点 Z 方向位移值（工况 1）

　　动力荷载施加完成后重新开启蠕变模块,根据充填体受力情况减小自定义本构模型中参数赋值以模拟动力作用对充填体的影响,损伤变量 D 根据第 5 章研究结论取值为 0.3。继续对监测点进行蠕变下 Z 方向位移监控,监控时间设置为 25 d,记录结果如图 6.12(a)所示。由图 6.12(a)可知,在动力作用后充填体蠕变状态受到小幅度影响,位移值出现上下波动,但随时间变化位移值稳定之后又逐步上升。蠕变 25 d 后关闭蠕变模块开启动力模块,施加动力作用,监测点位移变化如图 6.11(b)所示。由图 6.11(b)可知,施加扰动后监测点 2、3、4 的位移均增加,仅监测点 1 处有较小的下降,总体仍保持增加趋势。

　　交替重复上述动力计算和蠕变计算,给出 2 个蠕变周期内监测点的 Z 方向位移的变化情况,如图 6.12(b)和(c)所示。由图 6.12(b)和(c)可知,在动力和蠕变的交替作用下充填体的位移变化量逐渐减小,充填体在动力扰动作用后的状态已趋于稳定,可以满足充填后长期的稳定性要求。

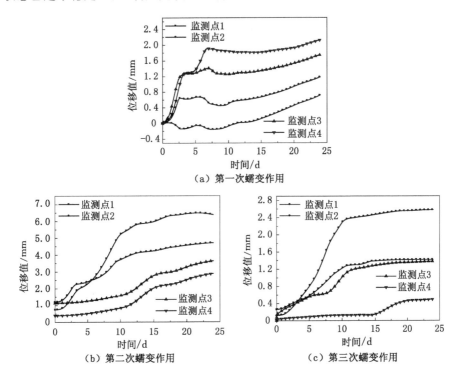

图 6.12　蠕变作用后监测点 Z 方向位移值(工况 1)

6.3.4 采空区分布垂直于桥梁走向工况

桥梁 7、8、9、10 号桥墩下采空区分布垂直于桥梁走向(工况 2),如图 6.13 所示。模型开挖模拟前同样将位移和速度清零,开挖后将采空区内网格单元赋值为粉煤灰地聚物充填体参数。同样按照桥梁施工工序进行施工,并在桥梁施工完成后施加车道荷载,选取的数值与工况 1 保持一致。

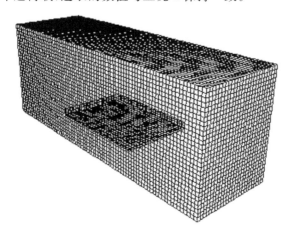

图 6.13　开挖后轮廓图(工况 2)

(1) 施工过程中位移场变化情况

选取桥梁各施工工序完成后模型整体的 Z 方向位移云图,如图 6.14 所示。

由图 6.14 可知,随着施工的进行,模型的 Z 方向位移值逐渐增大,位移总量大于采空区分布沿桥梁走向工况。主梁施工完成后地表及下方的 Z 方向位移值最大为 8 mm,凹陷分布区域范围也大于采空区分布沿桥梁走向工况。桥墩的 Z 方向位移值同样出现在中间两个桥墩处,最大为 8 mm,两侧桥墩 Z 方向位移值为 4 mm。桥面处的 Z 方向位移值最大为 10 mm,桥面两端 Z 方向位移正值大小为 1.47 mm。与采空区分布沿桥梁走向工况相比,采空区分布垂直于桥梁走向工况的模型 Z 方向位移变化规律与之基本一致,仅在数值大小上略大。桥梁施工过程中模型同样保持稳定,利用地聚物充填体充填采空区效果良好。

(2) 桥梁结构变形特征分析

同样取车道荷载施加后模型 Z 方向和 Y 方向位移云图,如图 6.15 所示。

同样提取 4 个墩台节点处的位移数据值与规定容许值进行比较,提取数据结果如表 6.4 所列。

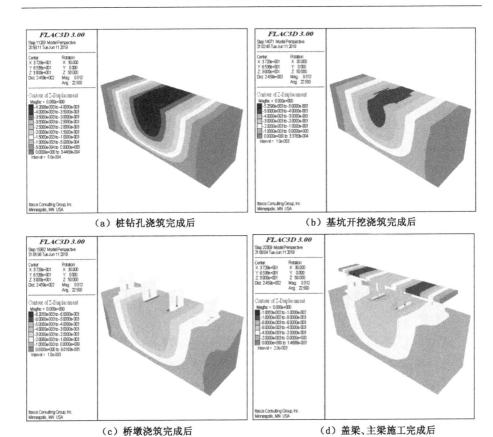

（a）桩钻孔浇筑完成后　　　　　　　（b）基坑开挖浇筑完成后

（c）桥墩浇筑完成后　　　　　　　　（d）盖梁、主梁施工完成后

图 6.14　桥梁各施工工序完成后模型的 Z 方向位移云图（工况 2）

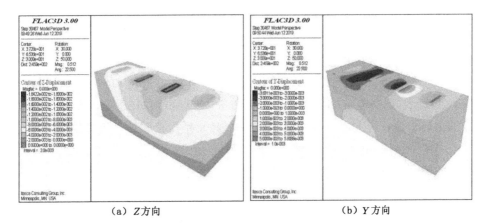

（a）Z 方向　　　　　　　　　　　　（b）Y 方向

图 6.15　桥墩处位移云图（工况 2）

表 6.4 墩台节点处位移值(工况 2)

ID 号	X 方向位移值/m	Y 方向位移值/m	Z 方向位移值/m
63 480	$2.173\ 2\times10^{-5}$	$-1.361\ 4\times10^{-3}$	$-1.012\ 8\times10^{-2}$
64 000	$4.752\ 6\times10^{-5}$	$8.314\ 9\times10^{-4}$	$-1.447\ 0\times10^{-2}$
64 520	$4.536\ 6\times10^{-5}$	$-9.571\ 3\times10^{-4}$	$-1.443\ 5\times10^{-2}$
65 040	$3.607\ 9\times10^{-5}$	$2.010\ 5\times10^{-3}$	$-1.033\ 1\times10^{-2}$

由表 6.4 可知,4 个节点墩台均匀沉降量最大值为 14.47 mm<80 mm,相邻墩台均匀沉降量之差最大值为 4.4 mm<40 mm,墩台测点水平位移最大值为 2.01 mm<20 mm,均满足规范要求。因此,对于采空区分布垂直于桥梁走向工况,对采空区充填后再进行桥梁施工,墩台的沉降量能够满足工程要求。

(3)施工过程中应力场变化情况

分析模型的应力场变化情况,取施工过程中各工序完成后的 Z 方向应力云图,如图 6.16 所示。

由图 6.16 可知,桥梁施工过程中模型整体的 Z 方向应力值逐渐增加,在主梁施工完成后 Z 方向应力最大值为 2.98 MPa,出现在模型底部。桥面处同样出现多个小范围应力正值区域,数值与影响范围较小;地表下模型 Z 方向的应力大小随深度增加逐渐增大,在模型底部则出现较大范围的应力集中,且应力集中区域面积随施工进行逐渐增大。这说明当采空区分布垂直于桥梁走向时对于桥梁的影响大于采空区分布沿桥梁走向的情况,因为此时采空区的横向范围更长,充填体充填采空区后仍会有一定的应力集中现象,地层的应力不能达到与原始应力相似的分布状态。应力最大值仅为 2.98 MPa,因此可认为模型仍处于一个稳定的状态,满足工程要求。

(4)桥梁结构受力特征分析

同样取车道荷载施加后桥梁墩台的最大主应力云图和剪应力云图,如图 6.17 所示,观察墩台的受力状态。由图 6.17(a)可知,在墩台与桥面的连接处均出现了最大拉主应力,达到 1.77 MPa,易发生受拉破坏。桥墩顶部同样出现应力集中区域,最大主应力值为 4.05 MPa。由图 6.17(b)可知,7 号与 10 号桥墩的桥面与桥墩连接处出现不同程度的剪应力集中,其中 10 号桥墩的剪应力集中范围更大,出现正剪应力,大小为 0.78 MPa。与采空区分布沿桥梁走向相比,在采空区分布垂直于桥梁走向的工况下桥墩受力特征与之基本一致,仅有应力集中现象有细微差别,这说明对采空区进行充填处理后,采空区的分布

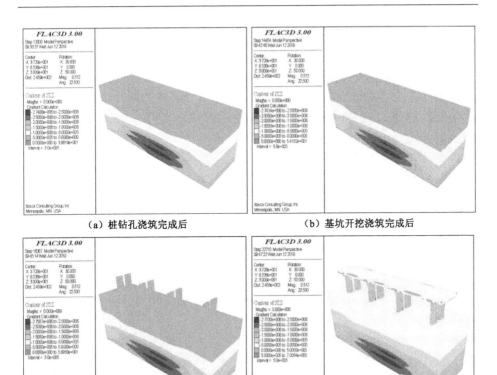

（a）桩钻孔浇筑完成后　　　　（b）基坑开挖浇筑完成后

（c）桥墩浇筑完成后　　　　（d）盖梁、主梁施工完成后

图 6.16　桥梁各施工工序完成后模型的 Z 方向应力云图（工况 2）

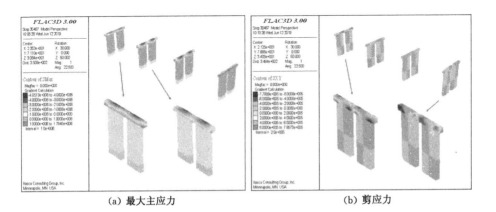

（a）最大主应力　　　　　　　（b）剪应力

图 6.17　桥墩应力云图（工况 2）

形式对于地表上桥梁结构受力特征基本不产生影响。

（5）充填体蠕变及动力作用模拟

对采空区内充填体进行蠕变及动力模拟分析。在FLAC³ᴰ中开启蠕变计算功能，对 4 个监测点进行 500 h 的蠕变监测，蠕变计算本构模型为开发的自定义蠕变模型，自定义蠕变模型中分数阶阶数 α 为 0.7，β 为 0.01。4 个监测点在 500 h 内的 Z 方向位移值如图 6.18 所示。

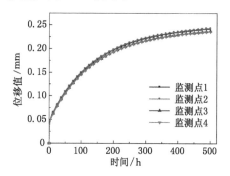

图 6.18　蠕变 500 h 后采空区内监测点 Z 方向位移值（工况 2）

由图 6.18 可知，采空区充填完成后 4 个监测点在 500 h 内的 Z 方向位移值及变化趋势基本一致，位移变化速率均逐渐减小最后趋于稳定，这说明充填体的受力状态是均匀的。蠕变 500 h 后的 4 个监测点位移值大致为 0.25 mm，根据充填体填充的采空区高度计算充填体应变值为 6.25×10^{-5}，小于充填体破坏的应变触发值 2.5×10^{-3}，充填体保持稳定状态。

关闭蠕变模块开启动力模块，对蠕变 500 h 后的充填体进行动力模拟。以蠕变 500 h 后的模型为动力计算的初始状态，在模型底部输入动力荷载，持续时间为一个周期。同样以上述 4 个监测点为监测对象，监测动力作用下监测点处的 Z 方向位移变化情况，如图 6.19（a）所示。由图 6.19（a）可知，4 个监测点处的充填体在动力荷载作用下位移变化情况基本一致，监测点 1 与监测点 2、监测点 3 与监测点 4 位移值相同，4 个监测点的位移值变化量均较小，换算为应变值仅为 6.25×10^{-7}，充填体受力状态稳定。

动力荷载施加完成后重新开启蠕变模块，损伤变量 D 取 0.3，继续对监测点进行蠕变下的位移监控，监控时间设置为 25 d，记录结果如图 6.20（a）所示。由图 6.20（a）可知，在动力作用后充填体蠕变状态受到小幅度影响，位移值出现先上升后下降的情况，随后恢复稳定并逐步上升；监测点 1 与监测点 2 变化趋

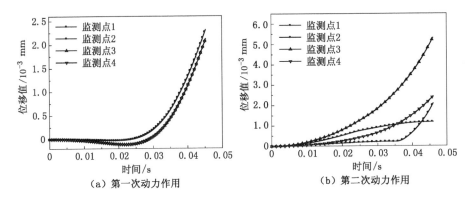

图 6.19　动力作用后监测点 Z 方向位移值（工况 2）

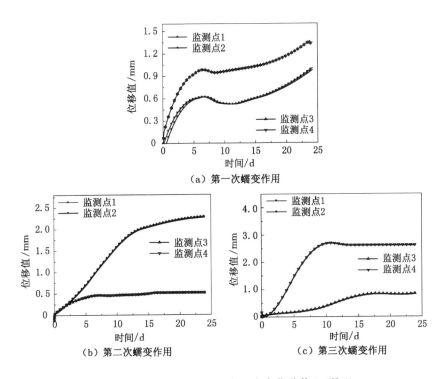

图 6.20　蠕变作用后监测点 Z 方向位移值（工况 2）

势一致,监测点 3 与监测点 4 变化趋势一致,说明与之前 4 个监测点相同的变化趋势相比,动力作用影响了 4 个监测点的变化状态。蠕变 25 d 后关闭蠕变模块开启动力模块,施加动力作用,监测点位移变化如图 6.19(b)所示。由

图 6.19(b)可知,施加扰动后 4 个监测点中仅监测点 1 处位移值变化不明显,其余监测点均保持较大增加趋势。

交替重复上述动力计算和蠕变计算,给出 2 个蠕变周期内监测点的 Z 方向位移的变化情况,如图 6.20(b)和(c)所示。由图 6.20(b)和(c)可知,在动力与蠕变的交替作用下充填体的位移变化量进一步减小,2 个周期位移值最大仅为 3 mm,同时仍表现为监测点 1 与监测点 2 变化趋势相同、监测点 3 与监测点 4 变化趋势相同的情形。4 个监测点的位移值只在动力作用后受到小幅度影响,在初期增长的幅度较大,之后蠕变速率逐渐减小,位移值趋于不变,充填体满足充填后长期稳定性要求。

6.3.5 采空区分布倾斜于桥梁走向工况

桥梁 11、12、13、14 号桥墩下采空区分布斜交于桥梁走向(工况 3),如图 6.21 所示。模型开挖模拟前清零位移和速度,开挖后赋值采空区内网格单元为粉煤灰地聚物充填体参数。按照桥梁施工工序进行施工,并施加车道荷载,各数值选取与前述工况保持一致。

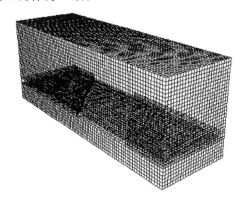

图 6.21　开挖后轮廓图(工况 3)

(1) 施工过程中位移场变化情况

选取桥梁各施工工序完成后模型整体的 Z 方向位移云图,如图 6.22 所示。

由图 6.22 可知,随施工工序进行,模型的 Z 方向位移值逐渐增大,在主梁施工完成后地表及下方的 Z 方向位移值最大为 6 mm,并随深度逐渐减小,分布趋势呈凹陷形,影响范围未到达模型底部。桥墩的 Z 方向位移值最大为 6 mm,出现在中间两个桥墩部位,其中 12 号桥墩底部的位移值最大达到 8 mm,两侧

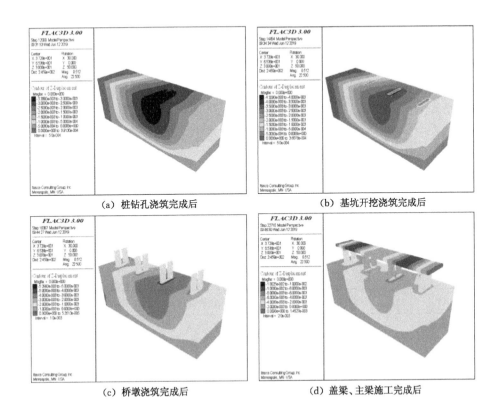

(a) 桩钻孔浇筑完成后　　　　　(b) 基坑开挖浇筑完成后

(c) 桥墩浇筑完成后　　　　　(d) 盖梁、主梁施工完成后

图 6.22　桥梁各施工工序完成后模型的 Z 方向位移云图(工况 3)

桥墩 Z 方向位移值为 4 mm。桥面处的 Z 方向位移值最大为 10 mm,桥面两端 Z 方向位移正值达到 1.45 mm。通过对比可知,该工况下模型整体 Z 方向位移值变化情况与前述两个工况情形基本相同,采空区充填效果良好。

(2)桥梁结构变形特征分析

取车道荷载施加后模型 Z 方向和 Y 方向位移云图,如图 6.23 所示。提取 4 个桥墩节点处的位移数据值与规定容许值进行比较,如表 6-5 所列。

由表 6.5 可知,4 个节点墩台均匀沉降量最大值为 14.5 mm<80 mm,相邻墩台均匀沉降量之差最大值为 4.2 mm<63 mm,墩台测点水平位移最大值为 1.99 mm<32 mm,均满足规范要求。因此,在此工况下对采空区充填后进行桥梁施工,墩台的沉降量能够满足工程要求。

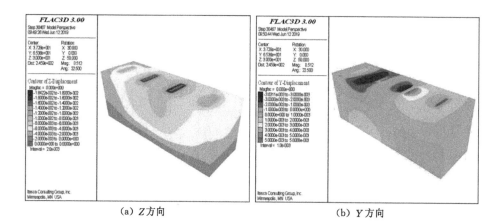

（a）Z方向　　　　　　　　　　　（b）Y方向

图 6.23　桥墩处位移云图（工况 3）

表 6.5　墩台节点处位移值（工况 3）

ID 号	X 方向位移值/m	Y 方向位移值/m	Z 方向位移值/m
63 480	$7.779\ 3\times10^{-6}$	$-1.177\ 7\times10^{-3}$	$-1.024\ 0\times10^{-2}$
64 000	$-2.458\ 2\times10^{-6}$	$6.527\ 2\times10^{-4}$	$-1.445\ 5\times10^{-2}$
64 520	$-5.751\ 0\times10^{-5}$	$-8.905\ 0\times10^{-4}$	$-1.431\ 3\times10^{-2}$
65 040	$-7.365\ 1\times10^{-6}$	$1.988\ 9\times10^{-3}$	$-1.033\ 2\times10^{-2}$

（3）施工过程中应力场变化情况

分析模型的应力场变化情况，取施工过程中各工序完成后的 Z 方向应力云图，如图 6.24 所示。

由图 6.24 可知，桥梁施工过程中模型整体的 Z 方向应力值逐渐增加，在主梁施工完成后 Z 方向应力最大值为 2.77 MPa，出现在模型底部。桥面处同样出现多个小范围应力正值区域，数值与影响范围较小；地表下模型 Z 方向的应力大小随深度增加逐渐增大，在模型底部则出现较大范围的应力集中，但应力集中区域面积随施工进行基本保持不变，仅数值有微小增加。这是由于采空区的横向范围更长而出现应力集中现象，使得地层应力分布形式不再与原始分布类似，但模型仍然处于稳定状态，可满足工程要求。

（4）桥梁结构受力特征分析

取车道荷载施加后桥梁墩台的最大主应力云图和剪应力云图，如图 6.25 所示，观察墩台的受力状态。由图 6.25（a）可知，12、13 号桥墩的墩台与桥面

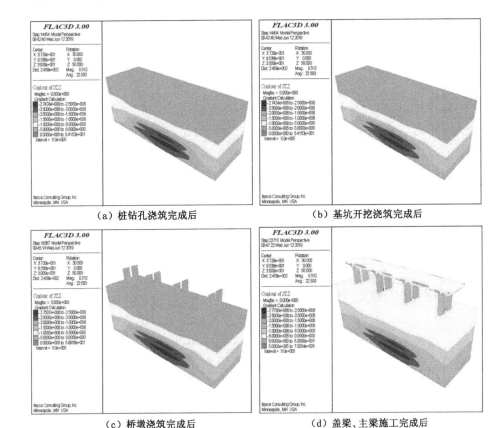

（a）桩钻孔浇筑完成后　　　　　（b）基坑开挖浇筑完成后

（c）桥墩浇筑完成后　　　　　（d）盖梁、主梁施工完成后

图 6.24　桥梁各施工工序完成后模型的 Z 方向应力云图(工况 3)

连接处出现了最大拉主应力,达到 1.78 MPa,易发生受拉破坏。桥墩顶部出现应力集中区域,最大主应力值为 4.05 MPa。由图 6.25(b)可知仅在 11 号桥墩的桥面与桥墩连接处出现剪应力集中,最大正剪应力为 0.78 MPa。采空区分布倾斜于桥梁走向工况与工况 1、2 的桥墩受力情况基本一致,这说明对采空区进行充填处理后,采空区的分布形式对于地表上桥梁结构受力特征无影响。

（5）充填体蠕变及动力作用模拟

对采空区内充填体进行蠕变及动力模拟分析。在 FLAC[3D]中开启蠕变计算功能,对 4 个监测点进行 500 h 的蠕变监测,蠕变计算本构模型为开发的自定义蠕变模型,自定义蠕变模型中分数阶阶数 α 为 0.7,β 为 0.01。4 个监测点在 500 h 内的 Z 方向位移值如图 6.26 所示。

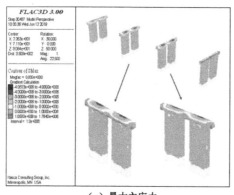 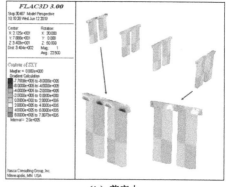

（a）最大主应力　　　　　　　　　　（b）剪应力

图 6.25　桥墩应力云图（工况 3）

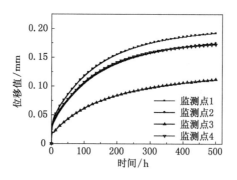

图 6.26　蠕变 500 h 后采空区内监测点 Z 方向位移值（工况 3）

由图 6.26 可知，采空区充填完成后 4 个监测点在 500 h 内的 Z 方向位移值随着时间的增加位移变化速率逐渐减小并趋于稳定，其中监测点 2 与监测点 4 的变化趋势相同，4 个监测点中最大的位移值出现在监测点 1 处。根据充填体填充的采空区高度计算监测点 1 处的充填体最大应变值为 5×10^{-5}，小于充填体破坏的应变触发值 2.5×10^{-3}，充填体保持稳定状态。

关闭蠕变模块开启动力模块，对蠕变 500 h 后的充填体进行动力模拟。以蠕变 500 h 后的模型为动力计算的初始状态，在模型底部输入动力荷载，持续时间为一个周期。同样以上述 4 个监测点为监测对象，监测动力作用下监测点处的 Z 方向位移变化情况，如图 6.27（a）所示。由图 6.27（a）可知，4 个监测点处的充填体在动力荷载作用下的位移变化情况基本一致，整体位移值变化量较小，换算为应变值仅为 8.75×10^{-7}，充填体受力状态稳定。

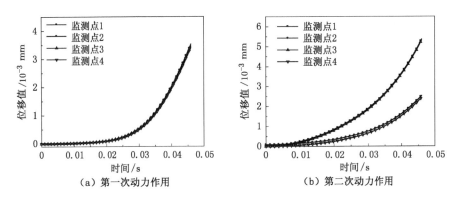

图 6.27　动力作用后监测点 Z 方向位移值（工况 3）

动力荷载施加完成后重新开启蠕变模块，损伤变量 D 取 0.3，继续对监测点进行蠕变下的位移值变化监测，监测时间设置为 25 d，记录结果如图 6.28(a)所示。由图 6.28(a)可知，在动力作用后监测点 2 与监测点 3 处充填体蠕变状态受到较大影响，监测点处位移值首先快速增加，之后产生小幅度波动，最后保

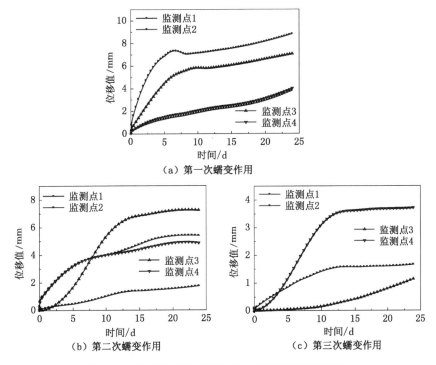

图 6.28　蠕变作用后监测点 Z 方向位移值（工况 3）

持线性增加。监测点 1 与监测点 4 则一直保持线性增大趋势,两点处位移值变化基本相同。蠕变 25 d 后关闭蠕变模块开启动力模块,施加动力作用,监测点位移变化如图 6.27(b)所示。由图 6.27(b)可知,施加扰动后监测点 1 和监测点 3 的位移变化规律相同,监测点 2 和监测点 4 的位移变化规律相同,4 个监测点位移值仍保持增加趋势,其中监测点 1、3 的位移变化量大于第一次扰动后位移变化量。

交替重复上述动力计算和蠕变计算,给出 2 个蠕变周期内监测点的 Z 方向位移的变化情况,如图 6.28(b)和(c)所示。由图 6.28(b)和(c)可知,在动力与蠕变的交替作用下充填体的位移变化量进一步减小,在 2 个蠕变周期内位移值最大仅为 6 mm。除了在动力作用后产生较大的增长趋势外,监测点处位移值均逐渐保持恒定。充填体在动力扰动作用及蠕变作用下状态趋于稳定,可以满足充填后长期稳定性要求。

6.4 本章小结

(1) 针对工程实例,利用 FLAC³ᴰ 进行了采空区充填及桥梁施工的数值模拟,在模拟中代入粉煤灰地聚物充填体材料参数,选取开发的本构模型为蠕变模型,分别对采空区分布沿桥梁走向、垂直于桥梁走向、倾斜于桥梁走向 3 种工况下模型的位移场变化情况、应力场变化情况、桥梁结构变形特征、桥梁结构受力特征进行了详细分析。结果表明,利用粉煤灰地聚物充填体在 3 种不同工况下对采空区进行处理后,模型 Z 方向位移最大值为 10 mm,Z 方向最大应力值为 2.98 MPa,桥梁墩台沉降量最大为 14.5 mm,桥梁结构最大主应力值为 4.05 MPa,均能满足桥梁工程修建要求。

(2) 对采空区充填体进行蠕变及动力作用模拟,数值模拟结果表明,3 种不同工况下采空区内充填体在蠕变和动力作用多个周期后最大应变值均较小,充填体保持稳定的蠕变状态,采空区的充填效果良好。利用粉煤灰地聚物充填材料充填桥梁下伏采空区是切实可行的。

7　结论与展望

7.1　结论

为研究粉煤灰地聚物充填体的蠕变扰动效应,自行研制了可实现动静组合荷载共同施加的蠕变扰动试验机,利用该试验机开展了粉煤灰地聚物充填体的蠕变扰动效应试验,分析了粉煤灰地聚物充填体在蠕变扰动作用下的力学特性,揭示了动力扰动作用对充填体蠕变状态的影响规律;结合试验结果,建立了粉煤灰地聚物充填体的蠕变扰动本构模型,较为准确地描述了粉煤灰地聚物充填体在扰动作用下应变随时间的变化趋势;基于 FLAC^{3D}平台对建立的蠕变模型进行了二次开发,通过多方面对比验证了所开发模型的正确性;针对蠕变扰动试验中动力作用使充填体应变值突增的现象,将外界动力扰动等效为本构模型中参数的衰减,间接实现了数值计算中的蠕变扰动效应;通过工程实例对粉煤灰地聚物充填材料充填桥梁下伏采空区进行了数值模拟,讨论了不同工况下采空区充填后及桥梁建设过程中的稳定性,分析了采空区的长期充填效果。全书的主要结论如下:

(1) 通过正交配合比设计,分析了质量分数、砂率、粉煤灰用量对膏体充填材料的影响,对坍落度影响最大的是质量分数,最优配合比为质量分数 80%、砂率 75%、粉煤灰用量 20%。

(2) 粉煤灰地聚物膏体充填材料的早期强度主要由 C—A—S—H 凝胶和C—S—H 凝胶胶结的粉煤灰和煤矸石提供,后期强度主要由 C—A—H 凝胶、钙矾石和骨料形成的致密结构提供。矿渣和普通硅酸盐水泥的掺入对C—A—S—H凝胶、C—S—H 凝胶、C—A—H 凝胶和钙矾石的形成起到了重要的促进作用。

(3) 通过分级加载蠕变试验,分析了粉煤灰地聚物膏体充填体的蠕变变形特征。采用分数阶 Burgers 模型与应变触发的非线性黏壶串联,建立了膏体充填体的蠕变扰动本构模型。在蠕变试验数据的基础上,通过 LM 神经网络算法对数学模型进行拟合,建立了膏体充填体在单轴蠕变作用下的数学模型。通过拟合确定了元件模型和数学模型参数,采用该元件模型和数学模型计算的结果与试验结果较为吻合,验证了元件模型和数学模型的正确性。

(4)开展了粉煤灰地聚物膏体充填材料的蠕变扰动试验,试验结果表明粉煤灰地聚物充填体蠕变扰动效应表现在动力作用对充填体蠕变稳定状态的影响显著性上。动力扰动冲击能打破充填体的蠕变稳定状态,加快充填体的蠕变进程,缩短充填体达到破坏的时间。

(5)粉煤灰地聚物充填体的蠕变扰动效应与充填体所受应力水平及外界动力扰动作用的冲击能量密切相关。在不同的应力水平下充填体在扰动后的应变突变值均随扰动荷载冲击能量的增加而增加,但应力水平越高,应变突变值越小。在不同的扰动冲击能量下,低应力时应变突变值随应力水平的增加而减小,高应力时应变突变值随应力水平的增加而增大,且扰动荷载冲击能量越大,应变突变值越大。

(6)以改进的分数阶 Burgers 模型为基本蠕变模型,通过引入扰动元件及应变触发的非线性黏壶建立了粉煤灰地聚物充填体的蠕变扰动本构模型,拟合出相关参数并证明了模型的适用性。在 FLAC^{3D} 中对不含有扰动元件的蠕变扰动本构模型成功实现了二次开发,并验证了所开发模型的正确性。

(7)针对工程实例,利用 FLAC^{3D} 进行了采空区充填及桥梁施工的数值模拟,在模拟中代入粉煤灰地聚物充填体材料参数,选取开发的本构模型为蠕变模型,分别对采空区分布沿桥梁走向、垂直于桥梁走向、倾斜于桥梁走向 3 种工况下模型的位移场变化情况、应力场变化情况、桥梁结构受力特征、桥梁结构变形特征进行了详细分析。模拟及分析结果表明,利用粉煤灰地聚物充填体在 3 种不同工况下进行采空区处理后,模型 Z 方向位移最大值为 10 mm,Z 方向最大应力值为 2.98 MPa,桥梁墩台沉降量最大为 14.5 mm,桥梁结构最大主应力值为 4.05 MPa,均能满足桥梁工程修建要求。

(8)结合 FLAC^{3D} 中的动力模块和蠕变模块,采用模型参数衰减的方式对采空区充填体进行了蠕变与动力作用分析,讨论了充填体的长期充填效果。模拟结果表明,3 种不同工况下采空区充填体在蠕变和动力作用多个周期后最大应变值均较小,充填体保持稳定的蠕变状态,采空区的充填效果良好。利用粉煤灰地聚物充填材料充填桥梁下伏采空区是切实可行的。

7.2 展望

（1）对于粉煤灰的活性激发仅采用了碱性溶液激发手段，将来可以探索采用机械活化（磨细）和高温活化及化学激发相结合的手段开展研究。

（2）对于粉煤灰地聚物充填体的蠕变扰动试验仅考虑了充填体的单轴受力状态，在实际中充填体的受力状态为三向受力状态，对蠕变扰动试验机进行改造使其能进行三轴蠕变扰动试验是后续研究内容。

（3）推导出的粉煤灰地聚物充填体的破坏是应变触发的，蠕变过程中未考虑充填体的塑性状态，充填体的塑性特性对于充填体的蠕变扰动效应是否有必然的联系是后续研究的方向，相应地对于本构模型的建立及二次开发也需要进一步改进。

（4）本书对粉煤灰地聚物充填体进行蠕变扰动试验时所选取的应力施加水平和扰动荷载作用高度均是在试验过程中不断尝试后的设定，并没有固定的限定条件，相关结论也是在该设定下得出的，下一步将考虑设定更细致的应力及扰动水平等级划分，以得到更加普遍性的规律。

（5）本书对于粉煤灰地聚物充填体的室内蠕变扰动试验受到多方面的限制，如何将所得的结论与实际工程更好地结合起来也是后续需要探讨的内容。

（6）对于充填材料蠕变状态的时间分析还不够长，计划对 10 年或者更长时间地基的沉降变化规律进行分析，进一步讨论粉煤灰地聚物充填体材料对桥梁长期稳定性的影响。

（7）没有对粉煤灰地聚物膏体充填材料的耐久性进行探索，未来将在此方面开展相关研究。

参 考 文 献

[1] 山西省人民政府办公厅.山西省人民政府办公厅关于印发山西省深化采煤沉陷区治理规划(2014—2017 年)的通知[EB/OL].(2015-04-13)[2019-05-03].http://www.shanxi.gov.cn/sxszfxxgk/sxsrmzfzcbm/sxszfbgt/flfg_7203/bgtgfxwj_7206/201504/t20150413_161431.shtml.

[2] LO T Y,CUI H Z,MEMON S A,et al. Manufacturing of sintered lightweight aggregate using high-carbon fly ash and its effect on the mechanical properties and microstructure of concrete[J]. Journal of cleaner production,2016,112(1):753-762.

[3] WANG S B,LUO K L,WANG X,et al. Estimate of sulfur,arsenic,mercury,fluorine emissions due to spontaneous combustion of coal gangue:an important part of Chinese emission inventories[J]. Environmental pollution,2016,209:107-113.

[4] 工业固废网.2017 年度中国大宗工业固体废物综合利用产业发展报告[R].北京:工业固废网,2018.

[5] YILMAZ T,ERCIKDI B,DEVECI H. Utilisation of construction and demolition waste as cemented paste backfill material for underground mine openings[J]. Journal of environmental management,2018,222:250-259.

[6] LI W C,FALL M. Strength and self-desiccation of slag-cemented paste backfill at early ages:link to initial sulphate concentration[J]. Cement and concrete composites,2018,89:160-168.

[7] MANGANE M B C,ARGANE R,TRAUCHESSEC R,et al. Influence of superplasticizers on mechanical properties and workability of cemented paste backfill[J]. Minerals engineering,2017,116:3-14.

[8] ZHENG J R,ZHU Y L,ZHAO Z B. Utilization of limestone powder and water-reducing admixture in cemented paste backfill of coarse copper mine tailings[J]. Construction and building materials,2016,124:31-36.

[9] WU A X,WANG Y,WANG H J,et al. Coupled effects of cement type and water quality on the properties of cemented paste backfill[J]. International journal of mineral processing,2015,143:65-71.

[10] CIHANGIR F,ERCIKDI B,KESIMAL A,et al. Effect of sodium-silicate activated slag at different silicate modulus on the strength and micro-structural properties of full and coarse sulphidic tailings paste backfill [J]. Construction and building materials,2018,185:555-566.

[11] KOOHESTANI B,DARBAN A K,MOKHTARI P. A comparison be-tween the influence of superplasticizer and organosilanes on different properties of cemented paste backfill[J]. Construction and building mate-rials,2018,173:180-188.

[12] KE X,ZHOU X,WANG X S,et al. Effect of tailings fineness on the pore structure development of cemented paste backfill[J]. Construction and building materials,2016,126:345-350.

[13] DENG X J,ZHANG J X,KLEIN B,et al. Experimental characterization of the influence of solid components on the rheological and mechanical properties of cemented paste backfill[J]. International journal of mineral processing,2017,168:116-125.

[14] CHEN Q S,ZHANG Q L,QI C C,et al. Recycling phosphogypsum and construction demolition waste for cemented paste backfill and its environ-mental impact[J]. Journal of cleaner production,2018,186:418-429.

[15] WU D,SUN G H,LIU Y C. Modeling the thermo-hydro-chemical behav-ior of cemented coal gangue-fly ash backfill[J]. Construction and building materials,2016,111:522-528.

[16] SUN Q,TIAN S,SUN Q W,et al. Preparation and microstructure of fly ash geopolymer paste backfill material[J]. Journal of cleaner production, 2019,225:376-390.

[17] JIANG H Q,QI Z J,YILMAZ E,et al. Effectiveness of alkali-activated slag as alternative binder on workability and early age compressive strength of cemented paste backfills[J]. Construction and building mate-rials,2019,218:689-700.

[18] 周华强,侯朝炯,孙希奎,等.固体废物膏体充填不迁村采煤[J].中国矿业

大学学报,2004,33(2):154-158.

[19] 冯国瑞,贾学强,郭育霞,等.废弃混凝土粗骨料对充填膏体性能的影响[J].煤炭学报,2015,40(6):1320-1325.

[20] 马国伟,李之建,易夏玮,等.纤维增强膏体充填材料的宏细观试验[J].北京工业大学学报,2016,42(3):406-412.

[21] 王洪江,李辉,吴爱祥,等.锗废渣掺量对水泥及膏体水化凝结的影响规律[J].中南大学学报(自然科学版),2013,44(2):743-748.

[22] 王新民,薛希龙,张钦礼,等.碎石和磷石膏联合胶结充填最佳配比及应用[J].中南大学学报(自然科学版),2015,46(10):3767-3773.

[23] 刘新河,王鹏,于海洋,等.骨架式膏体充填采空区试验研究[J].中国煤炭,2012(2):76-78.

[24] 张新国,郭惟嘉,张涛,等.浅部开采尾砂膏体巷采设计与地表沉陷控制[J].煤炭学报,2015,40(6):1326-1332.

[25] 李克庆,冯琳,高术杰.镍渣基矿井充填用胶凝材料的制备[J].工程科学学报,2015,37(1):1-6.

[26] 王斌云.新型煤矸石膏体巷旁支护充填材料的研制[D].济南:济南大学,2012.

[27] 任亚峰.基于沉陷控制的充填材料配制研究[D].太原:太原理工大学,2012.

[28] 李理.油页岩废渣膏体充填材料研究[D].长春:吉林大学,2012.

[29] 张钦礼,李谢平,杨伟.基于BP网络的某矿山充填料浆配比优化[J].中南大学学报(自然科学版),2013,44(7):2867-2874.

[30] 刘音,路瑶,郭皓,等.建筑垃圾膏体充填材料配比优化试验研究[J].煤矿安全,2017,48(6):65-68.

[31] 赵才智.煤矿新型膏体充填材料性能及其应用研究[D].徐州:中国矿业大学,2008.

[32] 陈蛟龙,张娜,李恒,等.赤泥基似膏体充填材料水化特性研究[J].工程科学学报,2017,39(11):1640-1646.

[33] 尹博,康天合,康健婷,等.粉煤灰膏体充填材料水化动力过程与水化机制[J].岩石力学与工程学报,2018,37(增刊2):4384-4394.

[34] 李夕兵,刘冰,姚金蕊,等.全磷废料绿色充填理论与实践[J].中国有色金属学报,2018,28(9):1845-1865.

[35] 许刚刚,王晓东,朱世彬,等.黄土对风积砂质高浓度胶结充填材料性能的影响[J].煤矿安全,2018,49(8):27-30.

[36] YILMAZ T,ERCIKDI B. Predicting the uniaxial compressive strength of cemented paste backfill from ultrasonic pulse velocity test[J]. Nondestructive testing and evaluation,2016,31(3):247-266.

[37] WU J Y,FENG M M,CHEN Z Q,et al. Particle size distribution effects on the strength characteristic of cemented paste backfill[J]. Minerals, 2018,8(8):322.

[38] ZHANG X G,LIN J,LIU J X,et al. Investigation of hydraulic-mechanical properties of paste backfill containing coal gangue-fly ash and its application in an underground coal mine[J]. Energies,2017,10(9):1309.

[39] CUI L,FALL M. An evolutive elasto-plastic model for cemented paste backfill[J]. Computers and geotechnics,2016,71:19-29.

[40] CUI L, FALL M. Modeling of self-desiccation in a cemented backfill structure[J]. International journal for numerical and analytical methods in geomechanics,2018,42(3):558-583.

[41] GHIRIAN A,FALL M. Coupled behavior of cemented paste backfill at early ages[J]. Geotechnical and geological engineering,2015,33(5):1141-1166.

[42] XU W B,TIAN X C,CAO P W. Assessment of hydration process and mechanical properties of cemented paste backfill by electrical resistivity measurement[J]. Nondestructive testing and evaluation,2018,33(2):198-212.

[43] ZHANG J,DENG H W,TAHERI A,et al. Effects of superplasticizer on the hydration,consistency,and strength development of cemented paste backfill[J]. Minerals,2018,8(9):381.

[44] CHEN Q S,ZHANG Q L,FOURIE A,et al. Experimental investigation on the strength characteristics of cement paste backfill in a similar stope model and its mechanism[J]. Construction and building materials,2017, 154:34-43.

[45] QI C C,FOURIE A,CHEN Q S,et al. A strength prediction model using artificial intelligence for recycling waste tailings as cemented paste back-

fill[J]. Journal of cleaner production,2018,183:566-578.

[46] QI C C,FOURIE A,CHEN Q S. Neural network and particle swarm optimization for predicting the unconfined compressive strength of cemented paste backfill[J]. Construction and building materials,2018, 159:473-478.

[47] HUANG S,XIA K W,QIAO L. Dynamic tests of cemented paste backfill: effects of strain rate,curing time,and cement content on compressive strength[J]. Journal of materials science,2011,46(15):5165-5170.

[48] SUAZO G,VILLAVICENCIO G. Numerical simulation of the blast response of cemented paste backfilled stopes[J]. Computers and geotechnics,2018,100:1-14.

[49] 李典,冯国瑞,郭育霞,等.基于响应面法的充填体强度增长规律分析[J].煤炭学报,2016,41(2):392-398.

[50] 毋林林,康天合,尹博,等.粉煤灰膏体充填材料水化放热特性的微量热测试与分析[J].煤炭学报,2015,40(12):2801-2806.

[51] 戚庭野,郭育霞,李振,等.机械破碎后煤矸石在 $Ca(OH)_2$ 溶液中的活性特征[J].煤炭学报,2015,40(6):1339-1346.

[52] 王勇,吴爱祥,王洪江,等.初始温度条件下全尾胶结膏体损伤本构模型[J].工程科学学报,2017,39(1):31-38.

[53] 程爱平,张玉山,王平,等.胶结充填体应变率与声发射特征响应规律[J].哈尔滨工业大学学报,2019,51(10):130-136.

[54] 程海勇,吴爱祥,王贻明,等.粉煤灰-水泥基膏体微观结构分形表征及动力学特征[J].岩石力学与工程学报,2016,35(增刊2):4241-4248.

[55] 陈绍杰,刘小岩,韩野,等.充填膏体蠕变硬化特征与机制试验研究[J].岩石力学与工程学报,2016,35(3):570-578.

[56] 孙琦,李喜林,卫星,等.硫酸盐腐蚀作用下膏体充填材料蠕变特性研究[J].中国安全生产科学技术,2015,11(3):12-18.

[57] 郭皓,刘音,崔博强,等.充填膏体蠕变损伤模型研究[J].矿业研究与开发,2018,38(3):104-108.

[58] 韩伟,赵树果,苏东良,等.全尾砂充填体蠕变性能试验及数值模拟研究[J].化工矿物与加工,2017,46(8):53-56.

[59] 邹威,赵树果,张亚伦.全尾砂胶结充填体蠕变损伤破坏规律研究[J].矿业

研究与开发,2017,37(3):47-50.

[60] 赵树果,苏东良,邹威.充填体分级加载蠕变试验及模型参数智能辨识[J].
矿业研究与开发,2016,36(6):54-57.

[61] 任贺旭,李群,赵树果,等.全尾砂胶结充填体蠕变特性试验研究[J].矿业
研究与开发,2016,36(1):76-79.

[62] 利坚.全尾砂胶结充填体的蠕变特征及长期强度试验研究[D].赣州:江西
理工大学,2018.

[63] 马乾天.废石胶结材料蠕变与循环载荷条件下变形破坏机理研究[D].北
京:北京科技大学,2016.

[64] 赵奎,何文,熊良宵,等.尾砂胶结充填体蠕变模型及在 FLAC³ᴰ 二次开发
中的实验研究[J].岩土力学 2012,33(增刊 1):112-116.

[65] 张佳飞,王开,张小强,等.膏体充填材料在残采巷道支护中的蠕变特性分
析[J].矿业研究与开发,2018,38(3):95-99.

[66] 周茜,刘娟红.矿用富水充填材料的蠕变特性及损伤演化[J].煤炭学报,
2018,43(7):1878-1883.

[67] WANG Z K,YANG P,LYU W S,et al. Study of the backfill confined
consolidation law and creep constitutive model under high stress[J].
Geotechnical testing journal,2018,41(2):390-402.

[68] WU A X,RUAN Z E,WANG Y M,et al. Simulation of long-distance
pipeline transportation properties of whole-tailings paste with high sli-
ming[J]. Journal of Central South University,2018,25(1):141-150.

[69] LIU L,FANG Z Y,QI C C,et al. Numerical study on the pipe flow char-
acteristics of the cemented paste backfill slurry considering hydration
effects[J]. Powder technology,2019,343:454-464.

[70] WANG Y,WU A X,ZHANG L F,et al. Investigating the effect of solid
components on yield stress for cemented paste backfill via uniform design
[J]. Advances in materials science and engineering,2018,2018:1-7.

[71] CREBER K J,MCGUINNESS M,KERMANI M F,et al. Investigation
into changes in pastefill properties during pipeline transport[J]. Interna-
tional journal of mineral processing,2017,163:35-44.

[72] YANG L,QIU J P,JIANG H Q,et al. Use of cemented super-fine unclas-
sified tailings backfill for control of subsidence[J]. Minerals,2017,7

(11):216.

[73] XIAO S Y,LIU Z X,JIANG Y J,et al. Remote pipeline pumping transportation of cemented tailings backfill slurry[J]. Archives of mining sciences,2018,63(3):647-663.

[74] ZHOU K P,GAO R G,GAO F. Particle flow characteristics and transportation optimization of superfine unclassified backfilling[J]. Minerals, 2017,7(1):6.

[75] 颜丙恒,李翠平,吴爱祥,等.膏体料浆管道输送中粗颗粒迁移的影响因素分析[J].中国有色金属学报,2018,28(10):2143-2153.

[76] 王石,张钦礼,王新民,等.APAM对全尾似膏体及其管道输送流变特性的影响[J].中南大学学报(自然科学版),2017,48(12):3271-3277.

[77] 程海勇.时-温效应下膏体流变参数及管阻特性[D].北京:北京科技大学,2018.

[78] 槐衍森.可变浓度大掺量粉煤灰充填材料与流动规律研究[D].北京:中国矿业大学(北京),2017.

[79] 吴爱祥,程海勇,王贻明,等.考虑管壁滑移效应膏体管道的输送阻力特性[J].中国有色金属学报,2016,26(1):180-187.

[80] 李帅,王新民,张钦礼,等.超细全尾砂似膏体长距离自流输送的时变特性[J].东北大学学报(自然科学版),2016,37(7):1045-1049.

[81] 陈秋松,张钦礼,王新民,等.全尾砂似膏体管输水力坡度计算模型研究[J].中国矿业大学学报,2016,45(5):901-906.

[82] 王少勇,吴爱祥,尹升华,等.膏体料浆管道输送压力损失的影响因素[J].工程科学学报,2015,37(1):7-12.

[83] 张钦礼,刘奇,赵建文,等.深井似膏体充填管道的输送特性[J].中国有色金属学报,2015,25(11):3190-3195.

[84] 张修香,乔登攀,孙宏生.废石-尾砂高浓度料浆管道输送特性模拟[J].中国有色金属学报,2019,29(5):1092-1101.

[85] 兰文涛.半水磷石膏基矿用复合充填材料及其管输特性研究[D].北京:北京科技大学,2019.

[86] 杨志强,高谦,姚维信,等.戈壁砂和棒磨砂骨料充填料浆管输特性试验[J].山东科技大学学报(自然科学版),2017,36(1):38-45.

[87] 傅小龙,彭杨皓,李多,等.减水剂对煤矿胶结充填料浆输送性能影响研究

[J].煤炭科学技术,2017,45(7):55-60.

[88] FALL M,POKHAREL M. Coupled effects of sulphate and temperature on the strength development of cemented tailings backfills:portland cement-paste backfill[J]. Cement and concrete composites,2010,32(10): 819-828.

[89] LIU Y,LU Y,WANG C X,et al. Effect of sulfate mine water on the durability of filling paste[J]. International journal of green energy,2018, 15(13):864-873.

[90] RONG H,ZHOU M,HOU H B. Pore structure evolution and its effect on strength development of sulfate-containing cemented paste backfill [J]. Minerals,2017,7(1):8.

[91] JIANG H Q,FALL M,CUI L. Freezing behaviour of cemented paste backfill material in column experiments[J]. Construction and building materials,2017,147:837-846.

[92] JIANG H Q,FALL M. Yield stress and strength of saline cemented tailings in sub-zero environments:portland cement paste backfill[J]. International journal of mineral processing,2017,160:68-75.

[93] DONG Q,LIANG B,JIA L F,et al. Effect of sulfide on the long-term strength of lead-zinc tailings cemented paste backfill[J]. Construction and building materials,2019,200:436-446.

[94] ALDHAFEERI Z,FALL M,POKHAREL M,et al. Temperature dependence of the reactivity of cemented paste backfill[J]. Applied geochemistry,2016,72:10-19.

[95] ZHENG J R,SUN X X,GUO L J,et al. Strength and hydration products of cemented paste backfill from sulphide-rich tailings using reactive MgO-activated slag as a binder[J]. Construction and building materials, 2019,203:111-119.

[96] LIU L,ZHU C,QI C C,et al. A microstructural hydration model for cemented paste backfill considering internal sulfate attacks[J]. Construction and building materials,2019,211:99-108.

[97] 刘娟红,高萌,吴爱祥.酸性环境中富水充填材料腐蚀及劣化机理[J].工程科学学报,2016,38(9):1212-1220.

[98] 黄永刚.酸性环境下全尾砂胶结充填体力学性能研究[D].赣州:江西理工大学,2017.

[99] 兰文涛.充填体碳化及其机理研究[D].淄博:山东理工大学,2014.

[100] 徐文彬,曹培旺,程世康.深地充填体断裂特性及裂纹扩展模式研究[J].中南大学学报(自然科学版),2018,49(10):2508-2518.

[101] 程海勇,吴爱祥,王洪江,等.高硫膏体强度劣化机理实验研究[J].工程科学学报,2017,39(10):1493-1497.

[102] 高萌,刘娟红,吴爱祥.碳酸盐溶液中富水充填材料的腐蚀及劣化机理[J].工程科学学报,2015,37(8):976-983.

[103] 姜明阳.建筑垃圾骨料充填体长期力学性能演化机理研究[D].阜新:辽宁工程技术大学,2018.

[104] ZHANG J X,ZHANG Q,SUN Q,et al. Surface subsidence control theory and application to backfill coal mining technology[J]. Environmental earth sciences,2015,74(2):1439-1448.

[105] CHEN S J,YIN D W,CAO F W,et al. An overview of integrated surface subsidence-reducing technology in mining areas of China[J]. Natural hazards,2016,81(2):1129-1145.

[106] WANG F,JIANG B Y,CHEN S J,et al. Surface collapse control under thick unconsolidated layers by backfilling strip mining in coal mines[J]. International journal of rock mechanics and mining sciences,2019,113:268-277.

[107] SALMI E F,NAZEM M,KARAKUS M. The effect of rock mass gradual deterioration on the mechanism of post-mining subsidence over shallow abandoned coal mines[J]. International journal of rock mechanics and mining sciences,2017,91:59-71.

[108] XUAN D Y,XU J L,WANG B L,et al. Borehole investigation of the effectiveness of grout injection technology on coal mine subsidence control[J]. Rock mechanics and rock engineering,2015,48(6):2435-2445.

[109] ZHOU D W,WU K,CHENG G L,et al. Mechanism of mining subsidence in coal mining area with thick alluvium soil in China[J]. Arabian journal of geosciences,2015,8(4):1855-1867.

[110] FAN H D,CHENG D,DENG K Z,et al. Subsidence monitoring using

D-InSAR and probability integral prediction modelling in deep mining areas[J]. Survey review,2015,47(345):438-445.

[111] 麻凤海.基于信息可视化新技术进行矿山开采沉陷的理论演进研究[M].长春:吉林大学出版社,2015.

[112] 高超,徐乃忠,刘贵.特厚煤层综放开采地表沉陷预计模型算法改进[J].煤炭学报,2018,43(4):939-944.

[113] 许家林,赖文奇,谢建林.条带开采沉陷预计误差的实测纠偏方法[J].中国矿业大学学报,2012,41(2):169-174.

[114] 代张音,唐建新,王艳磊,等.顺层岩质斜坡开采沉陷预测模型研究[J].岩石力学与工程学报,2017,36(12):3012-3020.

[115] 李培现,万昊明,许月,等.基于地表移动矢量的概率积分法参数反演方法[J].岩土工程学报,2018,40(4):767-776.

[116] 黄磊,卢义玉,粟登峰,等.公路隧道穿越急倾斜采空区的治理技术[J].公路交通科技,2012,29(11):80-85.

[117] 王树仁,慎乃齐,张海清,等.下伏采空区高速公路隧道变形特征数值分析[J].中国矿业,2008,17(3):76-79.

[118] 王乐杰.地下开采对高速公路隧道的影响研究[J].金属矿山,2013(7):27-30.

[119] 张峰.地下矿山开采对引滦入津输水隧洞影响分析[J].中国矿业,2012,21(3):114-115.

[120] 刘玉成,戴华阳.近水平煤层开采沉陷预计的双曲线剖面函数法[J].中国矿业大学学报,2019,48(3):676-681.

[121] 成晓倩,马超,康建荣,等.联合 DInSAR 和 PIM 技术的沉陷特征模拟和时序分析[J].中国矿业大学学报,2018,47(5):1141-1148.

[122] 宋世杰,王双明,赵晓光,等.基于覆岩层状结构特征的开采沉陷分层传递预计方法[J].煤炭学报,2018,43(增刊1):87-95.

[123] 鲁明星.开采沉陷区残余变形时空演化规律及其对地面建筑影响[D].北京:北京科技大学,2019.

[124] DAVIDOVITS J. Geopolymers:inorganic polymeric new materials[J]. Journal of thermal analysis and calorimetry,1991,37(8):1633-1656.

[125] PILEHVAR S,CAO V D,SZCZOTOK A M,et al. Mechanical properties and microscale changes of geopolymer concrete and Portland cement

concrete containing micro-encapsulated phase change materials[J]. Cement and concrete research,2017,100:341-349.

[126] LASKAR S M,TALUKDAR S. Preparation and tests for workability, compressive and bond strength of ultra-fine slag based geopolymer as concrete repairing agent[J]. Construction and building materials,2017, 154:176-190.

[127] KABIR S M A,ALENGARAM U J,JUMAAT M Z,et al. Performance evaluation and some durability characteristics of environmental friendly palm oil clinker based geopolymer concrete[J]. Journal of cleaner production,2017,161:477-492.

[128] NUAKLONG P,SATA V,WONGSA A,et al. Recycled aggregate high calcium fly ash geopolymer concrete with inclusion of OPC and nano-SiO_2[J]. Construction and building materials,2018,174:244-252.

[129] SUN Q,LI B,TIAN S,et al. Creep properties of geopolymer cemented coal gangue-fly ash backfill under dynamic disturbance[J]. Construction and building materials,2018,191:644-654.

[130] 何廷树,卫国强.激发剂种类对不同粉煤灰掺量的水泥胶砂强度的影响[J].混凝土,2009(5):62-64.

[131] 冯国瑞,任亚峰,张绪言,等.塔山矿充填开采的粉煤灰活性激发实验研究[J].煤炭学报,2011,36(5):732-737.

[132] 方军良,陆文雄,徐彩宣.粉煤灰的活性激发技术及机理研究进展[J].上海大学学报(自然科学版),2002,8(3):255-260.

[133] 崔希海,高延法,李进兰.岩石扰动蠕变试验系统的研发[J].山东科技大学学报(自然科学版),2006,25(3):36-38.

[134] 高延法,马鹏鹏,黄万朋,等.RRTS-Ⅱ型岩石流变扰动效应试验仪[J].岩石力学与工程学报,2011,30(2):238-243.

[135] 赵洪发.杠杆加荷的蠕变试验机加荷系统误差分析[J].工程与试验,1979,19(4):15-20.

[136] 崔希海.岩石流变扰动效应及试验系统研究[D].青岛:山东科技大学,2007.

[137] 孙钧.岩土材料流变及其工程应用[M].北京:中国建筑工业出版社,1999.

[138] 高延法,肖华强,王波,等.岩石流变扰动效应试验及其本构关系研究[J]. 岩石力学与工程学报,2008,27(增刊1):3180-3185.

[139] 崔希海,李进兰,牛学良,等.岩石扰动流变规律和本构关系的试验研究 [J].岩石力学与工程学报,2007,26(9):1875-1881.

[140] 谭园辉.扰动荷载下含裂隙硬岩的蠕变行为研究[D].株洲:湖南工业大 学,2017.

[141] 刘传孝,贺加栋,张美政,等.深部坚硬细砂岩长期强度试验[J].采矿与安 全工程学报,2010,27(4):581-584.

[142] 张涛,何利军.含分数阶导数元件非线性蠕变模型的二次开发[J].华东交 通大学学报,2017,34(5):21-28.

[143] 齐亚静,姜清辉,王志俭,等.改进西原模型的三维蠕变本构方程及其参数 辨识[J].岩石力学与工程学报,2012,31(2):347-355.

[144] 范庆忠.岩石蠕变及其扰动效应试验研究[D].青岛:山东科技大 学,2006.

[145] 陈育民,徐鼎平.FLAC/FLAC3D基础与工程实例[M].北京:中国水利 水电出版社,2009.

[146] 王涛,韩煊,赵先宇,等.FLAC3D数值模拟方法及工程应用:深入剖析 FLAC3D5.0[M].北京:中国建筑工业出版社,2015.

[147] WANG Z J,LIU X R,YANG X,et al. An improved Duncan-Chang constitutive model for sandstone subjected to drying-wetting cycles and secondary development of the model in FLAC3D[J]. Arabian journal for science and engineering,2017,42(3):1265-1282.

[148] JIANG Z H,ZHANG Y X. Second development of hardening soil constitutive model in FLAC3D[J]. Electronic journal of geotechnical engineering,2012,17:3429-3439.

[149] LI Y J,ZHANG D L,FANG Q,et al. A physical and numerical investigation of the failure mechanism of weak rocks surrounding tunnels[J]. Computers and geotechnics,2014,61:292-307.

[150] 褚卫江,徐卫亚,杨圣奇,等.基于FLAC³ᴰ岩石黏弹塑性流变模型的二次 开发研究[J].岩土力学,2006,27(11):2005-2010.

[151] 陈育民,刘汉龙.邓肯-张本构模型在FLAC³ᴰ中的开发与实现[J].岩土力 学,2007,28(10):2123-2126.

[152] 谢秀栋,苏燕.软土弹粘塑性模型在 FLAC³ᴰ 中的二次开发及其应用[J]. 福州大学学报(自然科学版),2009,37(4):582-587.

[153] 杨文东,张强勇,张建国,等.基于 FLAC³ᴰ 的改进 Burgers 蠕变损伤模型 的二次开发研究[J].岩土力学,2010,31(6):1956-1964.

[154] 左双英,肖明,陈俊涛.基于 Zienkiewicz-Pande 屈服准则的弹塑性本构模型在 FLAC³ᴰ 中的二次开发及应用[J].岩土力学,2011,32(11): 3515-3520.

[155] 李英杰,张顶立,刘保国.考虑变形模量劣化的应变软化模型在 FLAC³ᴰ 中的开发与验证[J].岩土力学,2011,32(增刊2):647-652.

[156] 何利军,吴文军,孔令伟.基于 FLAC³ᴰ 含 SMP 强度准则黏弹塑性模型的二次开发[J].岩土力学,2012,33(5):1549-1556.

[157] 姜兆华,张永兴.硬化土模型在 FLAC³ᴰ 中的二次开发[J].解放军理工大学学报(自然科学版),2013,14(5):524-529.

[158] 邹佳成.基于 FLAC³ᴰ 的西原流变模型的程序实现及工程应用[D].北京: 中国地质大学(北京),2018.

[159] 郭瑞凯,丁建华,赵奎,等.充填体的分数阶微积分蠕变本构模型及其在 FLAC³ᴰ 中的开发应用[J].中国钨业,2017,32(5):27-31.

[160] Itasca Consulting Group,Inc. Fast lagrangian analysis of continua in 3 dimensions[M].[S. l. :s. n.],2005.

[161] 陈宗基,康文法,黄杰藩.岩石的封闭应力、蠕变和扩容及本构方程[J].岩石力学与工程学报,1991,10(4):299-312.

[162] 龙源,冯长根,徐全军,等.爆破地震波在岩石介质中传播特性与数值计算研究[J].工程爆破,2000,6(3):1-7.

[163] LIANG X,CHENG Q J,WU J J,et al. Model test of the group piles foundation of a high-speed railway bridge in mined-out area[J]. Frontiers of structural and civil engineering,2016,10(4):488-498.

[164] LI J L,SHI X L,YANG C H,et al. The application of ultrasonic imaging technology in the detection of water filled goaf area:a case study [C]∥51st US rock mechanics/geomechanics symposium. San Francisco:American rock mechanics association,2017:1-6.

[165] SUI H Q,BAIT C Y. Study on the technology of grouting and reinforcing the foundation of a railway bridge above shallow old mine goaf[J].

MATEC web of conferences. EDP Sciences,2018,169:01041.

[166] ZHOU Y,JIN F X,JI M,et al. Deformation and long-term stability of bridge in mining with filling[J]. Electronic journal of geotechnical engineering,2015,20:3589-3600.

[167] 包海,李庚,席睿.高速公路桥梁墩柱下伏采空区帷幕注浆治理及效果检测[J].中华建设,2016(10):144-145.

[168] 陈炳乾,姜敏,任耀,等.D-InSAR 技术用于采空区上方桥梁沉陷监测的研究[J].煤炭工程,2012,44(10):107-110.

[169] 任政.高速公路桥梁穿越煤矿采空区基础处理措施[J].交通标准化,2015,40(12):86-90.

[170] 马秋红.既有桥梁采空区勘察及治理方法的探讨[J].山西交通科技,2018(4):92-93.

[171] 亓晓贵,宋世芬,陈一洲.采空区不良效应下桥梁桩基的风险评价[J].安全与环境学报,2016,16(3):30-33.

[172] 刘骏.煤矿采空区上覆桥梁地基稳定性研究[D].贵阳:贵州大学,2017.

[173] 张永柱.柴汶河大桥下伏采空区桥梁地基沉降变形规律研究及稳定性评价[D].成都:西南交通大学,2017.

[174] 王树仁,张海清,慎乃齐.穿越采空区桥隧工程危害效应分析及对策[J].解放军理工大学学报(自然科学版),2009,10(5):492-496.

[175] 中华人民共和国交通运输部.公路桥涵设计通用规范:JTJ D60—2015[S].北京:人民交通出版社,2015.

[176] 中华人民共和国交通运输部.公路桥涵地基与基础设计规范:JTG 3363—2019[S].北京:人民交通出版社,2019.